你必须精力饱满，才能出手不凡

cheer up

罗 金◎著

台海出版社

图书在版编目(CIP)数据

你必须精力饱满，才能出手不凡 / 罗金著. — 北京：台海出版社，2018.5

ISBN 978-7-5168-1886-2

Ⅰ.①你… Ⅱ.①罗… Ⅲ.①成功心理-通俗读物

Ⅳ.①B848.4-49

中国版本图书馆 CIP 数据核字 (2018) 第 092457 号

你必须精力饱满，才能出手不凡

著　　者：罗　金	
责任编辑：员晓博　曹任云	
装帧设计：芒　果	版式设计：通联图文
责任校对：唐思磊	责任印制：蔡　旭

出版发行：台海出版社

地　　址：北京市东城区景山东街 20 号　　邮政编码：100009

电　　话：010-64041652（发行，邮购）

传　　真：010-84045799（总编室）

网　　址：www.taimeng.org.cn/thcbs/default.htm

E - mail：thcbs@126.com

经　　销：全国各地新华书店

印　　刷：三河市天润建兴印务有限公司

本书如有破损、缺页、装订错误，请与本社联系调换

开　　本：880mm×1230 mm	1/32	
字　　数：160 千字	印　　张：7.5
版　　次：2018 年 7 月第 1 版	印　　次：2018 年 7 月第 1 次印刷
书　　号：ISBN 978-7-5168-1886-2	

定　　价：39.80元

1

"活得累"是大部分都市人的状态,不管这个累是身体的还是心灵的,或者两者兼而有之。

比如,有人爬楼梯大喘气,一到下午就犯困;有人下班还神采奕奕,走路有弹跳感,说话绘声绘色,办事手脚麻利,加班也劲头满满。

比如,有人唉声叹气,缺少对生活的热情,负面情绪爆表,没有努力的目标,觉得生活无聊;有人在写字楼附近办了健身卡,上班前或午间会抽空锻炼,补充蛋白粉,也不碰甜食,身体累了去做理疗,心情烦了去练书法……

为什么某些人看起来整天都很有精力,而有些人却常常感觉没有精力?

2

如果一个人精力充足，他做任何事情都能准确有效，并且拥有高效的学习能力，一生可以处理各式各样的问题与工作；而精力不足的人只能反复重复自己熟悉的工作与思路，遇到稍微困难复杂一点的事情便难以应付。

精力作为人思维活动的一种燃料，如果缺乏，那么，处理任何事情都会因为动力不足而变得迟钝、困难；但如果拥有相当充沛的精力，任何事情都会变得简单且易于思考，思索任何问题都会如同滔滔不绝的河流一般变得顺畅无阻。

然而，一个鲜活的生命总会不可避免地迈向衰老，精力与体能也会随着身体的老去而逐渐退化。一个人生命中的最佳时光只有那么多年，纵然坚持锻炼获得健康的体魄能让这段时光更长一点，但人一生的精力加起来依旧只有那么可怜的一点儿。

那么，人这一生极其有限的精力，该应用到什么样的事情上呢？

这是决定一个人能否拥有精彩人生的关键所在，也是一个值得人反复深思的问题。

这需要人们在日常生活和工作中，具备良好的心态，通过不断修炼，运用有效的工具，掌握更好的方法，使自己精力更加旺盛，真正做到捷思敏行。

3

人的精力有四种来源，包括身体的、情感的、思想的和精神的。我们在说"精力"的时候，其实涵盖了"精力管理"。

很多人有能力，懂得时间管理，有智力，也有体力，就是没精力，或者说，不知道如何做好精力管理。

比如，你明明是一个内向的人，非要强求自己去当大众的开心果；你明明是一个耿直的人，非要强求自己去说言不由衷的话；你明明有一个不错的爱好，却因为听闻别的爱好更"好"而去盲从——这些事情会极大耗费你的精力，使你的每一天都在应付这些事情的过程中变得疲惫不堪，这么一来，你又怎么可能还有空闲去做别的事呢？

所以，认清自己、阅读自己是做好这一切的第一步。

再比如，很多人喜欢抱怨"无聊"，"无聊"其实就是精力不济的一种表现。在这种状态下，你几乎不可能做任何"有意义"的事情——比如，高效率的工作、学习。你只能做一些娱乐性较高，看似放松的事情，比如，吃零食、上网、看肥皂剧、玩游戏，等等。但在这一过程中，你内心的斗志会被逐渐消磨，随着时间逐渐拉长，你的精力会愈发懈怠，进而坠入更深的无聊之中。

所以，下次当你在一个百无聊赖的周末醒来，你不应该再用这些事情来帮助自己"放松"，从而在无聊的恶性循环中打转。

也许，不管我们如何努力，生活中还是会有一些事情让我们感到为难，违背我们的本性，但仍然需要去做；还有一些事情，我们明知道很损耗精力，但还是很愿意做。这个时候，学会合理分配我们的精力就是一件重要的事情。

……

本书为读者全面分析了如何从身体到心灵提升你的"精力值"，做好你的"精力管理"，并给出了切实可行的策略。

无论你多大年纪，做什么工作，都要知道，只有你的精力一直好下去，才能经得住生活中的大小意外，经得住世界的刁难。

CONTENTS
目 录

　　村上春树在《当我谈跑步时我谈些什么》中说："清晨5点起床，晚上10点前睡觉，一日之内，身体机能最为活跃的时间因人而异，我是清晨的几小时，在这段时间内集中精力完成重要的工作，随后的时间或是用于运动，或是处理杂务，打理那些不需高度集中精力的工作……"可见，精力饱满的人，都会集中能量，做好自己的时间管理。

　　精力是有限的，尽管能培养，但始终有上限。所以，浪费精力的行为越早克制越好。比如，潜伏在微信群里抢几毛钱红包；敏感解读别人对自己的看法，做"有事您说话"的老好人，与三观不合的无关人员撕扯……

　　真正的精力高手，简单干脆不墨迹，自律专注有秩序。

第四章

别让长吁短叹和无所事事,销蚀你宝贵的精力 ······ 81

你躺在沙发上玩消除类游戏,在手机上进行着"F"型轨迹的阅读。明明什么都没干却整天喊累,做事萎靡不振,负面情绪爆表,没有努力目标,觉得生活无聊……为什么你那么聪明却一直没成功?听再多的道理也无法过好自己的生活?因为你有时间、有体力、有能力,就是没精力。

你今天刚买的手机,明天就过时了;你今天刚淘的衣服,明天就不时髦了;你今天刚想明白的道理,明天就不适用了。这个世界,时刻进行着残忍的大淘沙,别妄想你能改变世界,明智的人,还是留着精力改变自己吧。

第八章

你若不好好爱自己,连精力都无处发生 ············· 195

　　别人的看法和态度永远都代表不了你也否定不了你,只有自己最了解自己。不论男人还是女人,不能总活在别人的目光里,忽左忽右,会丢失自己。因此,你要抛开别人的看法,相信自己。不论美或丑、胖或瘦、相貌出众或普通,都要活出一个真实的自我。你若不好好爱自己,又谈何精力的发生?

第一章

持续的精力，
来自于内心对梦想的沸腾

周国平说："无聊是对欲望的欲望。请为自己的精力找个归宿，要么挖到工作中的价值，让自己有动力；要么找到真正想做的事情，全情投入一把；要么培养一个爱好，争取做到半专业。"

1.没有方向,什么风都不是顺风

事实上,无论从哪条路走,我们都可以走很远,关键是我们到底要到哪里去。有句话说得很好:"没有方向,什么风都不是顺风。"

美国财务顾问协会的前总裁刘易斯·沃克曾接受一位记者有关稳健投资计划的访问。他们聊了一会儿后,记者问道:"你认为什么因素会阻碍人们获得成功?"沃克回答:"模糊不清的目标。"

记者不怎么明白,就请沃克进一步解释,他说:"我在几分钟前就问你'你的目标是什么?'你说希望有天可以拥有一栋山上的小屋。这就是一个模糊不清的目标,'有一天'不够明确,因为不够明确,所以成功的机会不大。如果你真的希望在山上买一间小屋,你必须先找出那座山,找出你想要的小屋现值,然后考虑通货膨胀,算出5年后这栋房子值多少钱;接着,你必须决定,为了达到这个目标每个月要存多少钱。如果你真的这么做,你可能在不久的将来就会拥有一栋山上的小屋,但如果你只是说说,梦想就可能不会实现。梦想是愉快的,但没有配合实际行动计划的模糊梦想,只是妄想而已。"

第一章
持续的精力，来自于内心对梦想的沸腾

成功者都会为一个具体而明确的目标全力以赴，竭尽所能。

所有伟大或成功的人物，都会以一项具体而明确的目标作为奋斗的基础。

海伦·海勒一生专注于学习写作，尽管她从小就又聋又哑又盲，但她最终成为世界著名的作家之一；沃尔特·惠特曼一生致力于写一本叫《草叶集》的书，最终成为美国最伟大的诗人之一；乔治·派克一生致力于生产世界上最好的钢笔，最终他的产品派克牌钢笔成为世界上最著名的书写工具之一；亨利·福特一生致力于生产廉价小轿车，虽然他只受过四年小学教育，而且白手起家，但他的努力使他成为那个时代最富有的人之一；比尔·盖茨立志要让所有人都用上电脑，他的"视窗"最终征服了全世界……

只有那些有具体而明确目标的人，才会时时受人尊敬和瞩目，成就伟大的事业。那些没有明确目标的人，有时连马路都过不了。

有人这样说："我希望我的工作和别人一样，既轻松又能拿到很丰厚的薪水，买一栋好房子，还要有一辆好车。"这样设置人生目标，仿佛跑到航空公司里说："我要买一张机票。"除非你说出你的目的地，否则人家无法卖票给你。

有位进入职场不久的年轻人这样说："我是个很有理想

并且愿意为此努力的人，我从小就有很多目标，自从我大学毕业以后，我就开始经营我的理想和事业。可到现在我付出了很多，学到了很多本领，却一事无成。我在大学主修会计专业，因为我觉得那更实用；后来我发现心理学在今后有很大的发展空间，于是我马上去选修心理学；工作后，我想踏实干好工作以证明自己，但因压力大觉得不安稳，所以又去进修与我工作相关的计算机编程，我相信自己很快就会成为一名高手。但目前，我所学的课程进度都很慢，所以我很烦恼，为什么我这么努力却看不到成就呢？"

这位年轻人为自己选定了太多目标，却没有坚持，总是不断变换和动摇。这就像在过一个陌生的十字路口，只要你选准一条路径直往前走，每一条路都可以通往目的地。可如果总是怀疑自己的方向不对，一次又一次地退回来选其他的路，那么，不管你以什么样的速度走，都会一直在原点附近徘徊，永远走不到你的目的地。你付出得越多，你就越会觉得疲劳和辛苦。

许多人埋头苦干，却不知道这么做是为了什么，到头来发现追求成功的阶梯搭错了边，却为时已晚。

因此，我们务必要掌握真正的目标，并拟定实现目标的过程，澄明思虑，凝聚继续向前的力量。

想要有明确的目标，下面谈到的三个方面就需要注意：

第一章
持续的精力，来自于内心对梦想的沸腾

（1）把模糊的梦想变成清晰的目标。

是什么因素使很多人追求成功却无法成功？绝大多数人认为是他们的目标不明确。

要想管理好自己的时间，有力地控制自己的人生轨迹，就要明确具体地制定目标，不要让目标停留在模糊的梦想状态。

（2）用自己的特长选定目标。

在选择目标时，首先要确定目标具备可行性，可以通过自己坚持不懈的努力来实现。

每个人的实际情况都不同，大家都有自己的特长、优势，也有自己的弱势；有自己向往的生活方式，也有自己的实际困难。因此，选定奋斗目标时，应保证不要与自己的实际情况脱钩，要根据自己的实际情况、特长优势来设定目标。

（3）设定的目标要有连贯性。

一个人不但要有明确的目标，还要把长远的目标分成阶段性的目标，使自己在奋斗过程中能看到希望，从而保持热情，保持自信，持之以恒地向前走，更快更好地实现目标，而不会因为距离目标太遥远，看不到成功的希望而心灵疲惫，甚至放弃。

2.是兔子就去跑步,是鸭子就去游泳

专家通过研究发现,人类有400多种优势。这些优势本身的数量并不重要,重要的是你应该知道自己的优势是什么,之后要做的就是将你的生活、工作和事业发展都建立在自己的优势上,这样你就会成功。

小兔子被送进了动物学校,它最喜欢跑步课,并且总是得第一;最不喜欢的是游泳课,一上游泳课它就非常痛苦。但兔爸爸和兔妈妈要求小兔子什么都学,不允许它放弃,小兔子只好每天垂头丧气地到学校上学。老师问它是不是在为游泳太差而烦恼,小兔子点点头,盼望得到老师的帮助。老师说:"其实这个问题很好解决,你跑步是强项,游泳是弱项,这样好了,你以后不用上跑步课了,专心练习游泳。"

中国有句古话:"只要功夫深,铁棒磨成针。"讲的是只要坚持不懈,就一定能成功。但看了上面这个故事的人可能会意识到,小兔子根本不是学游泳的料,即使再刻苦,它也不会成为游泳能手;相反,如果训练得法,它也许会成为跑步冠军。

第一章
持续的精力，来自于内心对梦想的沸腾

爱因斯坦在20世纪30年代曾收到以色列当局的一封信，信中邀请他去当以色列总统。爱因斯坦是犹太人，若能当上以色列的总统，在一般人看来，自是荣幸之至。但出人意料的是，爱因斯坦拒绝了。他说："我整个一生都在同客观物质打交道，既缺乏天生的才智，也缺乏经验来处理行政事务以及公正地对待别人。所以，本人不适合如此高官重任。"

大文豪马克·吐温曾经经商，不仅将自己多年用心血换来的积蓄赔了个精光，还欠了一屁股债。妻子奥莉维亚深知丈夫没有经商的本事，却有文学上的天赋，便帮他振作精神，重走创作之路。最终，马克·吐温走出了失败的阴影，在文学创作上建立了辉煌的业绩。

人生的诀窍就是发现自己的优势，经营自己的长处。富兰克林说过，"宝贝放错了地方便是废物"，在人生的坐标系里，如果站错了位置，用自己的短处而不是长处来谋生，那会异常艰难甚至可怕，可能会在永久的卑微和失意中沉沦。因此，认清自己的优势和长处相当重要，即使它不怎么高雅，但可能是你改变命运的一大财富。

选择职业同样是这个道理，你无须考虑这个职业能给你创造多少财富，能不能使你名利双收，重要的是，你应该选择最能使你全力以赴，使你的品格和优势得到充分发挥的职

业，把自己安排在合适的位置上，经营出有声有色的人生，就像爱因斯坦专心科学研究、马克•吐温孜孜不倦地写作一样。

坚车能载重，渡河不如舟；骏马能历险，耕田不如牛。世间万物存在的现象都揭示了这样的道理：扬长避短，经营自己的长处，才能实现自己特定的价值。

某报纸曾刊登过一篇关于日本企业励志图强的文章，文章详细介绍了在经济疲软期，许多日本著名公司改变经营策略，把精力集中到最受欢迎的特长产品上，结果存活了下来。"把力量集中于自己的专长，就可以生存下去，甚至更强大！"同理，在工作中，你也必须拥有自己的核心优势，才能充分发挥个人所长，找到正确的人生定位。

有的人误以为只要通过学习，每个人都可以胜任很多事，弱点是他成长空间最大的地方，为此，他们总是不断投入时间和精力，希望将自己的弱点提升为优势。虽然有些人可能成功了，但大部分人并没达到理想的效果，甚至与实际情况背道而驰，因为他把时间都花费在弥补自己的弱点上，使自己的优势也不再明显。

建辉大学毕业后在一家出版社当编辑，编纂了几本书，但书的社会反响并不好，发行量只是勉强保本。在这期间，他还被合作者"涮"过两回，筹划了几个月，先期也有了一些投入，但最后出书计划"流产"。所以，原本话不多的建辉变得越来越内向，不愿意与人沟通，不相信别人，事无巨细都要自己做，在一些工作的具体细节上又特别苛刻，对自己对别人都一样，变成了一个"绝对的完美主义者"。时间一长，同事们都不太愿意与他共事，这让建辉感到十分苦恼。

这时，领导看出了他的问题，主动找他谈话，并帮他进行分析：建辉的优点在于天资聪慧，对人对事充满了好奇心，对人对己都有很高的要求，是个完美主义者。所以，他不适合从事需要较多与人沟通的工作，更适合做一些创意性的工作。

经过领导的这番点拨，建辉心里像点亮了一盏灯。其实，他从小就对美术感兴趣，很有绘画天赋，阴差阳错才当上了文字编辑。想通之后，建辉利用业余时间进行了一些相关的技能培训。后来，他被领导调到了设计部做美编，凭着扎实的美术功底和苛求自己的精神，经他设计的作品都受到了客户的赞扬。不出半年，他就成了设计部主管。

每个人所拥有的才能都是独特的，优点才是自己成长空间最大的地方。人之所以成功，不是因为他弥补了每一个弱点，而是因为他最大限度地发挥了自己的优点。

经营自己的长处，首先要善于发现自己的优势，大多数人都以为清楚自己的长处何在，其实不然。很多人总是拿自己的缺点去和别人的长处相比，比来比去，自信心没了，不是觉得自己处处不如人，就是觉得自己一无所长，然后就会说：

"我实在是太平凡了，根本没有什么特殊才能。"

李白云：天生我材必有用，千金散尽还复来。我们每个人都有自己独特的地方，即使是那些看起来很平凡的人，在某些方面也可能有独特的禀赋，只要用心发掘，一定会发现那些被你忽略的"闪光点"，不要多，只要一点就够了。

3.仰望星空做梦，脚踏实地追梦

眼光要长远，但我们也要确保我们看着的地方是可以到达的，在那之前，我们更应该着眼于眼前的目标。远处的风景是梦想，近处的风景是理想，相比于那些虚无缥缈的东西，抓住眼前的一切才是我们应该做的，这能让我们的付出体现出效率的价值。

从前，有一个山脚下的小村落被一场罕见的洪水袭击，村子几乎被冲为平地，许多人的生命都被无情的洪水夺去了。其中，有一个三口之家也是这场灾难的受害者：在洪水中，丈夫第一时间把手伸向了妻子，而他们8岁的儿子却被洪魔无情地带走了。

起初,村里很多人都对这个不幸的家庭表示了深切的同情,纷纷前来安慰这对年轻的夫妇。但后来,事情渐渐发生了变化,有些人开始对那个男人的选择产生了疑问:在突如其来的洪水面前,为什么他选择首先去挽救妻子的生命,而放弃了他们的儿子?"即使两人感情再好,难道孩子在灾难来临的时候就应该成为被舍弃的对象吗?"围绕这一话题展开的争论,一时间充斥在山村里的每一个角落。

一个报社的记者路过此地,听说了这个故事后,顿时觉得这是一个很好的选题:如果只能救一个人,究竟是该救妻子还是救孩子?爱人和孩子哪一个更重要?于是,他进入村子找到了那个男人。

"眼看着洪水冲过来的时候,根本来不及让我有任何过多的想法,妻子就在我身边,我们都不想失去对方,于是我抓住她拼命地往山坡方向游。而当我返回去的时候,儿子已经不见了。"男人哽咽道。

这时记者明白了,不是父亲不想救儿子,也并非丈夫眼里只有妻子,而是在当时的情况下,他只有能力去抓住妻子。记者最后安慰男人说:"请不要过于悲伤,毕竟你从洪水中救回了你的妻子。"

有时选择不会给我们太多时间,这个时候我们要依靠本能,选择一定能够成功的选项。这个男人的选择是正确的,至少,救活一个比失去两个要好。

面对洪水,他不存在选择,他是一个深爱着妻子的丈夫,同时也是视儿子为至宝的父亲,二者同样重要。只是,现实的急迫根本没有时间让他考虑,抓住离自己最近的妻子是种本能的选择,也是最为现实和明智的。如果他放弃妻子去救孩子,可能最后失去的就是两个人。

奢望着不切实际的目标,对我们而言没有任何意义。只有把握好最近的目标,付出才能体现出它相应的价值。

这个世界上,有太多"燕雀安知鸿鹄之志"的壮志难酬之人,他们未达成理想的原因就在于忽略了眼皮底下可以先做到的事情,放弃了手边最易实施的简单之行。从达成离我们最近的目标开始,实际上就是一个把烦琐的事情简单化的过程。只有这样,我们才有可能顺着人生陡峭的崖壁攀上高峰。

人生理应有远大的理想,但理想永远不能脱离现实,要着眼实际去选择。成功是一步步积累出来的,你若是只知不切实际地幻想,不知道为此付出努力,那么最终你将无所有。选择眼前能够帮你接近目标的事情努力,最终你会发现,自己的理想像阳光一样照进了现实。

一个学企业管理的大学生,在校期间一直有个梦想:希望将来能拥有自己的公司,自己当老板,成就一番事业。

第一章
持续的精力，来自于内心对梦想的沸腾

毕业后，由于资金紧张，他和千万名毕业生一样，挤入了求职大军中。他想，凭着自己的能力，即使是打工，也必须找一个高级管理者的职位，从事类似副经理、经理助理之类的工作。

这个大学生应聘了很多家招聘副经理职位的公司，无一例外地被拒之门外，原因是缺乏经验。于是，他降低了标准，想找个中层管理干部的职位，如科长、处长之类，只是，因为同样的原因，仍然没有一家愿意录用他。

一晃几个月过去了，看着同学们都拿到了第一个月的工资，为了生存，他不得不先找个能养活自己的工作。最后，费了九牛二虎之力，他才找到了一份差事：办公室内勤，做一些分发报纸、端茶倒水、接电话的日常性杂活。

他感到异常失落，当天晚上去了班主任老师家，把这段时间找工作的经历及自己目前的苦恼一股脑儿地全都倾诉了出来。老师听完以后，对他说："你有远大的梦想，这很好。但有些梦想太遥远，你现在抓不住，最明智的做法就是抓住离你最近的梦想，然后一步步向最遥远的梦想走近！"

老师的话给了他很大启发。第二天，他就去那家企业认真做起了内勤工作。半年以后，因为工作认真，他被调到了业务部当了一名业务员，而后又由于业绩突出，一步步成为业务部经理、主管业务的副经理。就这样，在短短五年内，这位大学生积累了自主创业的经验和资金，终于开办了一家

自己的公司。

经过艰苦打拼，他的公司在市场上站稳了脚跟，成了业内知名企业，而他本人也成为一个资产过千万的成功人士。

梦想有远有近，只有离我们最近的那个梦想才是最现实的。巨商大多是从最底层的工作开始做起的，有的做过卖报童，有的做过小商贩，还有的做过电焊工。但是他们的一个共性是，不管做什么，都能耐心地将眼下手中的工作做好，在平凡的岗位中取得出色的成绩。

目标有远近，工作有繁简。我们可以梦想着成为比尔·盖茨，但不可能一夜之间就拥有比尔·盖茨的成功。我们的终极目标可能是李嘉诚，但我们的起点也许只是一个勤杂工。选择没有那么困难，你只需抓住离你最近的那个现实目标，丢掉那些不切实际的理想，从简单开始，便能一步一步走向梦想的彼岸。

人生如登山一般，必须抓牢身边的那块石头，借此再一步一步往上爬。这样，我们就可以在遇到行不通的路程时退回来，重新寻找更合适的位置，抓牢着力点再继续前进。

4.聪明并不是第一位的，更重要的是激情

初听起来，"野心"一词不好听，但你要知道，世上成大事者，都是因为有一颗"想当将军"的野心最后才如愿以偿的。

巴拉昂是一位媒体大亨，以推销装饰肖像画起家，他只用了短短的10年时间，就完成了从贫穷到富人的蜕变，跻身于法国50大富翁之列，但最终因前列腺癌于1998年在法国博比尼医院去世。临终前，他留下遗嘱，把4.6亿法郎的遗产捐献给博比尼医院，用于前列腺癌的研究；另有100万法郎作为奖金，奖给知道他成为富人的秘诀，能回答穷人最缺少的是什么的人。

其遗嘱公布之后，媒体收到了大量信件，有的骂巴拉昂疯了，有的说这是媒体为了提升发行量在炒作，但多数人还是寄来了自己的答案。

在这些答案中，绝大多数人都认为，穷人最缺少的是金钱，有了钱就不再是穷人了，这似乎是不需要动脑筋就能想出来的答案；也有一部分人认为，穷人最缺少的是帮助和关爱，人人都喜欢关注富人明星，对穷人总是冷嘲热讽不重视；另一部分人认为，穷人最缺少的是技能，现在能迅速致富的

都是有一技之长的人；还有人认为，穷人最缺少的是机会，一些人之所以穷，就是因为时机不对，股票疯涨前没有买进，股票暴跌后没有抛出，总之，穷人都穷在没有好运上；此外，还有一些其他答案，比如，穷人最缺少的是美貌，是皮尔·卡丹的外套，是总统的职位，是沙托鲁城生产的铜夜壶，等等。总之，五花八门，应有尽有。

　　那么，正确答案是什么呢？在巴拉昂逝世周年纪念日那天，他的律师和代理人按其生前的交代，在公证人员的监督下打开了那只保险箱。在48561封来信中，有一位叫蒂勒的小姑娘猜对了巴拉昂的秘诀。蒂勒和巴拉昂都认为穷人最缺少的是野心，即成为富人的野心。在颁奖之日，媒体带着所有人的好奇，问年仅9岁的蒂勒，为什么能想到是野心。蒂勒说："每次，我姐姐把她11岁的男朋友带回家时，总是警告我说不要有野心，不要有野心！我想，也许野心可以让人得到自己想得到的东西。"

　　巴拉昂的谜底和蒂勒的问答见报后，引起不小的震动，这种震动甚至超出了法国，影响到了英国和美国。即使是一些好莱坞的新贵和其他行业几位年轻的富翁在就此话题接受电台的采访时，都毫不掩饰地承认：野心是永恒的特效药，是所有奇迹的萌发点。某些人之所以贫穷，大多是因为他们有一种无可救药的弱点，即缺乏野心，没有激情。

第一章

持续的精力，来自于内心对梦想的沸腾

所谓激情，就是要有一种面对困难，敢于克服；面对机遇，敢于挑战；面对艰险，敢于探索；面对落后，敢于奋起；面对竞争，敢于争先的勇气。激情不是一个空洞的名词，它是一种力量，是一种精神支柱。

美国《今日心理学》杂志曾有报道，一般人可能认为，成功只需要一个聪明的脑袋，但事实上，对于大多数成功者来讲，聪明并不是第一位的，激情更重要。

的确，激情常常能激发出人意想不到的创意。拥有激情，人的大脑会保持长时间的兴奋，使思想随意碰撞、交织、融会，创意便随之产生。并且，人拥有激情，便习惯从任何事物中发掘其本质，激发自己的灵感。激情还使人敢于谋事，善于做事，让创意践于实际，以务实的作为映衬空谈的懦弱。

马云无疑是一个很有激情的人，见过马云或者在电视上看过马云的人，都会被他那种好像全身都充满着的激情所感染。

1999年，当阿里巴巴还不被大多数人知道并接受的时候，马云就对同伴宣称："我们要做一家80年的公司，要进入全球网站的前十名。"就在这时，曾在瑞典瓦伦堡家族主要投资公司银瑞达任副总裁的蔡崇信到阿里巴巴来探讨投资。几次接触下来，蔡崇信被马云的思维和激情说服，当即决定抛下75万美元的年薪，加盟阿里巴巴领取500元的薪水。马云的激情，不仅使自己突破了重重困境，也感染并吸引着和他接触

过的每一个人。

后来，马云更是"激情四溢"地宣称："我们要做一家能生存102年的企业，要进入全球网站的前三名。"所有这些疯狂的想法，都是激情使然。

也正是因为这一点，当时软银集团董事长孙正义在选择投资对象时，只用了短短6分钟，便毅然决然地选择和阿里巴巴合作，投资2000万。

孙正义的软银公司，每年要接受700家公司的投资申请，但大约只有10%，也就是只有70家左右的公司能如愿以偿得到投资，其中只有一家孙正义会亲自去谈判。阿里巴巴能让孙正义在短短的6分钟之内就作出投资的决定，正是因为马云的创业激情和领导气质吸引了他。孙正义见到马云经常会说："马云，保持你独特的气质，这是我为你投资的最重要原因。"

激情让人相信任何事情都有解决的办法，关键在于你的对策是否切实、有效、具有针对性。激情促使人们想方设法找到问题症结，寻求对症下药的良方，让困难在自己面前低头。面对同样的问题，激情的勇者想的是如何设法化解、战胜，懦弱者想的是如何一停二看三逃避。一样的难题，一样的挑战，却有不同的态度，不仅表现出了不同的思想境界，也必然会带来不同的发展局面和结果。

如何拥有适度的"野心"和激情呢？下面十条建议或许对你有所帮助。

(1)设定现实的能够获得成大事的理想,并尽量以得到显著成果为主。

(2)勿采用消耗过多能力的方法,否则只会得到"拼命三郎"的称号。

(3)成大事者通常会让下一次的成果加速出现,但只有保持平常心才能保证不退步且维持好成绩。

(4)成为成大事者的同时,不要输给"胜利效应",也就是不要在胜利的荣誉中沉溺太久。

(5)不要对成大事抱太大的期望,设定可能达成的实际理想。

(6)过大的野心会影响健康。理想定得太高,被不可能实现的强烈野心侵蚀,结果容易患肠胃溃疡等疾病。

(7)想要获得成功需要付出极大的努力,但不要持续为取得好成绩而给自己施加太大的压力。

(8)偶尔要找个时间放松一下,"跳出努力的圈圈"。唯有这么做才能把能力发挥到最高点,没有人能够永远将能力维持在高峰状态。

(9)没有强烈动机反能完成更多事,由此可知,野心应符合自己的个性,不必强求。

(10)周围的人对自己的期望不太满意时,往往会失去自信，偶尔会有更大的野心。

因此，我们首先要检讨对自己的要求是否"合乎实际"，如果超过实际，必须立刻改进。

5.懒惰是精力的头号杀手

任何人想要做成一件事，都必须抗击来自人性中懒惰的缺点，使外界的逼迫变为内心的自觉。

大多数人都喜欢舒适，能站着拿到东西绝对不会跳起来，能坐着拿到东西绝对不会站起来，能躺着拿到东西绝对不会坐起来。但舒适又是个极坏的东西，它是滋生懒惰的温床，腐朽、堕落等现象大多因舒适而生。

一个铁匠用同一块铁打了两把锄头，摆在地摊上卖。农人买走了其中一把，马上就下地用了起来；而另外一把锄头被一个商人得到，因为无用被闲放在了商人的店里。

半年以后，两把锄头偶然碰到了一起，原本质地、光泽、锻造方式都相同的两把锄头现在却大不相同。农人手里的锄头,好像银子似的锃光闪亮,甚至比刚打好时更光亮;而那把一直被商人放在店里的锄头,却变得暗淡无光,上面布满了铁锈。

"我们以前都是一样的,为什么半年之后,你变得如此光亮,而我成了这副样子?"那把满是锈迹的锄头问它的老朋友。

"原因很简单啊,因为农人一直使用我劳动。"那把光亮的锄头回答说,"你现在生了锈,变得不如以前,是因为你老侧身躺在那儿,什么活儿也不干!"

生锈的锄头听后沉默了,无言以对。

从这个故事中我们不难明白一个道理:刀越磨越锋利,锄头越用越光亮,人越学越聪明。勤奋和懒惰都是一种习惯,只不过勤奋的习惯使人走向光明,懒惰的习惯使人走向越来越深的黑暗。

人是好逸恶劳的动物,总是希望不付出或少付出就能过上舒适的生活。懒惰在生活中表现为意志消沉、心态消极、安于现状、不求上进。很多青年朋友都有懒惰的恶习,学习没目标,不主动,糊涂混日,得过且过,人生的许多理想、目标、规划、希望、追求,都因为懒惰而变得遥遥无期,无法实现。

有人说:"懒惰、好逸恶劳乃是万恶之源,懒惰会吞噬一个人的心灵,就像灰尘可以使铁生锈一样,懒惰可以轻而易举地毁掉一个人，乃至一个民族。"

所以，我们应该用勤奋筑一道"防护堤"，阻挡懒惰的靠近。

美国著名作家杰克·伦敦在19岁以前，还从来没有进过中学。但他非常勤奋，通过不懈的努力，使自己从一个小混混成为一个文学巨匠。

杰克·伦敦的童年生活非常贫困，他每天像发了疯一样跟着一群恶棍在旧金山海湾附近游荡。说起学校，他不屑一顾，并把大部分时间都花在偷盗等勾当上。

直到有一天，他漫不经心地走进一家公共图书馆，看到了名著《鲁滨孙漂流记》，并拿起来翻阅。他看得如痴如醉，并受到了深深的感动，即使已经饥肠辘辘，也舍不得中途停下来回家吃饭。第二天，他又跑到图书馆去看别的，一个新的世界展现在了他的面前——一个如同《天方夜谭》中巴格达一样奇异美妙的世界。此后，一种酷爱读书的心情便不可抑制地左右了他。一天中，他读书的时间达到10~15小时，从荷马到莎士比亚，从赫伯特·斯宾基到马克思等人的所有著作，他都如饥似渴地阅读着。19岁时，他决定停止靠体力劳动吃饭，改成以脑力谋生。他厌倦了流浪的生活，不愿再挨警察无情的拳头，也不甘心让铁路的工头用灯按自己的脑袋。

19岁时，杰克·伦敦通过努力进入了加利福尼亚州的奥克德中学。他不分昼夜地用功，只用了三个月的时间就把四年的课程念完了,通过考试后,他进入了加州大学。

他渴望成为一名伟大的作家,在这一雄心的驱使下,他一遍又一遍地读《金银岛》《基督山伯爵记》《双城记》等书,之后就拼命地写作。他每天写5000字,也就是说,他可以用20天的时间完成一部长篇小说。他有时会一口气给编辑们寄出30篇小说,但统统被退了回来。

后来,他写了一部名为《日本海岸外的飓风》的小说,这部小说获得了《旧金山呼声报》所举办的征文比赛头奖,但他只得到了20美元的稿费。5年后,他有6部长篇以及125篇短篇小说问世。杰克·伦敦成了美国文艺界最为知名的人物之一。

一个人的成就和他的勤奋程度永远是成正比的。那么,怎样才能培养勤奋的习惯,战胜懒惰的心理呢?

以下是几点克服懒惰的好方法,不妨试一试:

(1)保持一颗进取心。

进取心是一种永不停息的自我推动力,它会使我们的人生更加崇高。拥有进取心之后,那些不良的恶习就没有了滋生的环境和土壤,久而久之,懒惰的习性就会逐渐消失。

(2)学会肯定自我,勇敢地把不足变为勤奋的动力。

学习、劳动时都要全身心投入,争取最满意的结果。无论结果如何,都要看到自己努力的一面。如果改变方法也不能很好地完成,说明或是技术不熟,或是还需完善其中某方面的学习。扎实的学习最终会让你成功的。

(3)规律生活。

生命活动是有规律进行的，起居有常、三餐适时、劳逸适度是身体健康的保证。懒散之人往往散漫成性，生活杂乱无章，睡无时，食无量，身体各系统的功能活动很难与环境相适应，时间久了，身体健康就会受到摧残。

(4)使用日程安排表。

使用日程表可以帮你把所有事项都很有条理地记录在一个地方，并时时提醒你抓紧行动，许多成功人士都有这种日程安排表，如"富兰克林的计划簿"。

(5)在住宅之外的地方学习。

人的行为在住宅内外是有很大差异的。家是休息之所，所以在家里很容易松懈。而在家之外的地方，特别是在图书馆等有学习氛围的地方，则会紧张起来。此外，有些人养成的一些懒惰的恶习，如躺在床上看"闲书"，若离开了家，就等于铲除了它赖以存在的土壤。家里供你消遣的东西太多，电视、电脑、电话、食物等，这些东西都是能诱使你分心的"潘多拉魔盒"。离开了家，就离开了这些诱惑。

6.别让你的精力值在等待中被搁浅

把梦想放在心里，会开出勇敢的花，但若一直不敢用行动去灌溉它，这朵花迟早会枯萎。梦想经不起等待，尤其不能以实现另外一个条件为前提。梦想能否实现不在于它有多遥远，而在于我们是把它供奉在心里，还是为了它的实现而采取了实际的行动。

很多人都认为，只有事先有了非常充分的准备后，才有能力去追逐梦想，并用这个理由拖住了追寻的脚步。实际上，这种常规的思维并不一定是正确的。即便你自身的条件还不够成熟，你也有行动的资本，即便你现在做得不够好，也可以当作射击前的定位，在行动中不断调整自己，这样，你的能力才能不断得到提升，进而越来越靠近自己的梦想。

时间可贵、青春可贵、生命可贵、机遇可贵的道理并不复杂，你觉得梦想可以等待，殊不知，时间不会等你，青春不会等你。很多美好的事物，都在等待中被搁浅了。

一对兄弟外出旅行归来，想要乘坐电梯，却发现大楼停电了。这可怎么办？他们住在80层，为了赶紧回家，两兄弟决定爬楼梯上去。

你必须精力饱满，才能出手不凡

　　起初，他们斗志十足，可爬到20层的时候，兄弟俩就觉得体力不支了。哥哥说："这个包实在太重了！我们先把它放在这儿吧，等来电后坐电梯来拿。"于是，他们把行李包放在了20楼。卸掉了包袱，他们顿时觉得轻松多了。

　　两兄弟有说有笑地往上爬，到了40层的时候，他们累坏了，想到还有40层要爬，他们开始互相埋怨，指责对方没有注意大楼的停电公告。在争吵中，他们一步一步往上爬，就这样又爬到了60层。到了60层，他们已经累得没有力气再吵架了，弟弟说："既然都到了60层，我们就别再吵了，干脆爬完算了！"于是，兄弟俩默默地往上爬，终于到了80层！

　　好不容易回到家门口的兄弟俩非常兴奋，可这个时候他们才发现，钥匙在行李包里，而行李包被他们丢在了20楼……

　　这则故事虽然没有直接讲述人生和梦想，但它却蕴含了深刻的人生道理：20岁之前，我们背负着很多压力和包袱，活在师长的期望下，自己的心态和能力又不成熟，因此步履难免不稳；等到20岁之后，脱离了众人的压力，卸下了沉重的包袱，开始专心地追逐自己的梦想，于是又愉快地度过了20年；到了40岁的时候，猛然回首，发现青春已经不再，不免觉得遗憾，于是开始不停地惋惜、抱怨，在这样的一种状态下，生活还要继续，一转眼就到了60岁；这时，人们突然意识到人生已经所剩不多，警告自己不要再抱怨，珍惜剩下的时间，于是，默默地度

第一章
持续的精力,来自于内心对梦想的沸腾

过自己的余年,直到生命的尽头,又忽然想起好像有什么事情还没有完成——原来,是自己把所有的梦想都留在了20岁的青春岁月。

梦想如果不趁早去追,很可能就在匆匆赶路的途中,被遗忘了。

所以,梦想需要行动,但不是盲目的行动,在追梦的过程中,你应该时时反思,专注于自己的付出,这样你才能不断调整自己的步伐。若是一路上走一步便四处看看,就很容易迷失。

在南美洲的亚马孙河边,一群羚羊悠然地在岸边享受着美味的青草。

殊不知,此时,一只猎豹正隐藏在远处的草丛中,竖起耳朵四面倾听。它觉察到了羚羊群的存在,于是悄悄地、慢慢地接近羊群。在越来越逼近的过程中,突然,羚羊群有所察觉,忽地一下四散逃跑。猎豹像百米运动员一样,瞬时爆发,像箭一般地冲向羚羊群,它的眼睛死死盯住了一只未成年的羚羊,直奔它而去。

虽然羚羊飞也似的奔跑,但仍然跑不过豹子。在这追与逃的过程中,眼看就要挨着羚羊群了,可猎豹却从一只又一只站在那里观望的羚羊身边跑过。它没有掉头改追这些更近的猎物,而是从头至尾都在使劲地朝着那只未成年的羚羊疯

狂地追去。

最后，那只小羚羊跑累了，屁股被猎豹的前爪狠狠地抓挠了一下，羚羊倒下了，豹子朝着羚羊的脖子狠狠地咬了下去……

行动是思想的体现，没有行动，别人永远不知道你在想些什么，日子久了，就连自己都不知道自己曾经梦想过什么了。在大脑支配我们的同时，我们应该服从大脑，付诸相应的行动，尤其当我们想到的可能是我们的梦想。

都说心动不如行动，当我们着眼于梦想的时候，总会产生一种奋斗的冲动和激情，若是将这种热情投入到行动中，那么早晚有一天我们的梦想会照进现实。可若是不付出行动，那么你的一切梦想都将只是幻想，永远存在一个你不存在的世界中。

精力饱满的人，
会集中能量先做重要的事

村上春树在《当我谈跑步时我谈些什么》中说："清晨5点起床，晚上10点前睡觉，一日之内，身体机能最为活跃的时间因人而异，我是清晨的几小时，在这段时间内集中精力完成重要的工作，随后的时间或是用于运动，或是处理杂务，打理那些不需高度集中精力的工作……"可见，精力饱满的人，都会集中能量，做好自己的时间管理。

1.要消除时间杀手,就一定要划出工作重点

想要消除时间杀手，一定要对自己的工作重点进行清理,将所有的工作重点找出来之后再进行具体的抉择。通常情况下,我们自己才是真正的时间杀手,唯有设法约束自己,才能令时间管理更顺利地进行。

美国某著名杂志的一名记者获准在白宫待了一整天。在对美国前总统奥巴马的日常工作进行了解之后，他发现,总统实在是一个高标准的工作职位，工作量不仅庞大复杂,而且对效率要求很高。如果没有恰当的时间管理清单,很难想象总统的生活会是怎样的。

据这位记者观察,奥巴马有黎明即起的好习惯。起床后,他会先进行45分钟的运动,然后与家人共进早餐,并利用这段时间对早间报纸进行浏览。

吃完饭后,奥巴马会进行总统每日简报的阅读,并在9点半前坐到白宫椭圆形办公室中,开始处理一天的工作。

从早上9点半到下午4点半，奥巴马会参与各种主题会议,从全球经济到军事情报,从外交政策到联邦活动等,这些会议的召开时间都由专人提前进行了精心的安排。

第二章
精力饱满的人，会集中能量先做重要的事

下午6点或6点半时，奥巴马一天的正式工作时间便结束了。

随后，他会抽出时间与妻子、女儿共进晚餐，这是其紧张作息时间表中难得的放松时间，更是奥巴马每天生活中唯一不容公事打扰的时间。

从晚上8点半到深夜，奥巴马会对各类重要的电子邮件与电话进行处理。

在时间管理领域中有一条"帕金森定律"，此定律显示，人始终会根据任务的最终完成期限来对工作速度进行调整。假如一个人知道自己有一个月的时间去完成某项工作，他便会在不知不觉间放慢自己的工作速度，转而将整个月的时间都用在此项任务上。但如果有人告诉他，这项工作必须在一周内完成，他便会对自己的工作状态与工作速度进行调整，以此来保证自己可以在一周内完美地完成任务。这便是建立自我时间管理清单的重要性，它会让你在特定的时间内去做特定的事情，并让你了解到自己在这一时间段内所能达到的最佳做事效果。

古人讲，不谋全局者，不足以谋一域。善谋全局，是领导干部抓工作所应具备的重要素质之一。

高明的管理者，应当像一名优秀的钢琴师，在按"曲谱"弹琴时，该重的地方要重，该轻的地方则轻，这样才能演奏出

和谐流畅的乐曲。工作中抓重点也是同样的道理，我们首先要对工作了然于心，知道哪些地方需要重按，哪些地方需要轻按。这需要在深入调查研究上下功夫，因为不调查就无法确定事情重要与否，即使你知道哪些地方是重点，但不去认真落实，那一切也是白费力。

你需要理解重点的意义，把握划出重点的诀窍，不要把所有的事情都放在你的压力区，试着分清哪些事情是真正的关键所在，然后投入主要精力和时间，尽量做到完美。记住，不要试图把每一件事情都当重大项目来完成。人的精力是有限的，全是重点就等于没有重点，眉毛胡子一把抓，只会误了大事，事倍功半。

可以把"轻——重"作为横坐标，把"缓——急"作为纵坐标，以此来建立一个时间管理坐标体系，把各项事务分为四类并放入这个坐标体系中：

第一，紧急又重要的，比如处理危机、客户投诉、即将到期的任务等；

第二，重要但不紧急的，比如建立人际关系、新的机会、人员培训、制订防范措施、长期工作规划等；

第三，虽然紧急但不重要的，比如电话、不速之客、行政检查、会议等；

第四，既不紧急也不重要的，比如客套的闲谈、无聊的信件、个人的爱好等。

时间管理的目的除了决定你该做些什么事情，还决定不该做什么事情。

因为，时间管理不是完全的掌控，而是降低变动性。时间管理最重要的功能是通过事先规划，做一种提醒与指引。

你是否有过这样的经验：毫无目的地看电视或阅读杂志，总觉得无意义，但仍继续看下去，就连广告也全看了，直到夜深，变得身心疲劳，才抱着棉被入睡，第二天又重复着同样的事情？这到底是怎么回事呢？重复做这样的事，或是几个小时，或是瞬间，但事后回想起来，感觉非常空虚。

时间的死亡事实上就是这个时候。在管理者的人生中，让时间流逝、死亡的状况时有发生。时间是眼睛看不到的东西，人们无从察觉，唯有想到的时候，才深感可怕。

一个成功的人是非常细腻的，绝对不会粗心大意。计划一定要周详，若是漏洞百出，就等于没有计划。

什么叫计划？就是问自己，为了达成这个目标，我需要做哪些事情，把它全部写下来，哪个是第一要做的，哪个是第二要做的，把它编成号，以此类推。

下面是安排工作计划的几点建议：

(1)每天清晨把一天要做的事列个清单。

如果你不是按照办事顺序去做事情，那你的时间管理就不会有效率。在每天的早上或前一天晚上，把一天要做的事情列一个清单出来。这个清单包括公务和私事两类内容，把它们记录在纸上、工作簿上、你的PDA或是其他什么上面。在一天的工作过程中，要经常进行查阅。举个例子，在开会前十分钟，看一眼你的清单，如果还有一封电子邮件要发，你完全可以利用这段空隙把这项任务完成。做完清单上的所有事之后，最好再检查一遍。如果你和我有同样的感觉，那么，在完成工作后检查每一个项目，能让你体会到一种满足感。

(2)把接下来要完成的工作也同样记录在你的清单上。

在完成了开始计划的工作后，把接下来要做的事情记录在你的每日清单上。如果你的清单上内容已经满了，或是某项工作可以改天做，那你可以把它算作明天或后天的工作计划。你是否想知道为什么有些人告诉你他们打算做一些事情但是没有完成的原因？这是因为他们没有把这些事情记录下来。如果我是一个管理者，我不会三番五次地告诉我的员工他们都需要做哪些事情。我从不相信他们的记忆力，如果他们没带纸和笔，我会借给他们，让他们将要完成的工作和时间期限记录下来。

(3)一天结束后，对当天没有完成的工作进行重新安排。

现在你有了一个每日工作计划，也加进了当天要完成的新的工作任务，那么，对一天下来那些没完成的工作项目又将如何处置呢？你可以选择将它们顺延至第二天，添加到你明天的工作安排中。但是，希望你不要成为一个办事拖拉的人，每天总会有干不完的事情，这样，每天的任务清单都会比前一天有所增加。

(4)记住应赴的约会。

使用你的记事清单来帮你记住应赴的约会,这包括与同事和朋友的约会。

一般情况下,工作忙碌的人们失约的次数比准时赴约的次数还多。如果你不能清楚地记得每件事都做了没有,那么一定要把它记下来,并借助时间管理方法保证它按时完成。如果你的确因为有事而不能赴约,可以提前打电话通知你的约会对象。

(5)制一个表格,把本月和下月需要优先做的事情记录下来。

很多人都会制订每一天的工作计划,但有多少人会把他们本月和下月需要做的事情进行一个更高水平的筹划呢?除非你从事的是一项交易工作,时间表上总是有近期任务,你经常是在每个月末进行总结,而月初又开始重新安排筹划。对一个月的工作进行列表规划是时间管理中更高水平的方法,再次强调,你所列入这个表格的一定是你必须完成的工作。在每个月开始的时候,将上个月没有完成而这个月必须完成的工作添加入表。

(6)把未来某一时间要完成的工作记录下来。

你的记事清单不可能提醒你去完成在未来某一时间要完成的工作,比如,你告诉你的同事,在两个月内你将和他一起去完成某项工作。这时,你就需要有一个办法记住这件事,并在未来的某个时间提醒你。为了保险起见,你可以使用多个提醒方法,就算一个没起作用,另一个还会提醒你。

(7)保持桌面整洁。

我从不相信一个把工作环境弄得乱糟糟的人会是一个优秀的时间管理者。同样的道理,一个人的卧室或是办公室一片狼藉,他也不会是一个优秀的时间管理者。一个好的时间管理者是不会花很长时间在一堆乱文件中找出所需材料的。

(8)把做每件事所需要的文件材料放在一个固定的地方。

随着时间过去,你可能会完成很多工作任务,这就要注意保持每件事的有序和完整。一般可以把与某件事有关的所有东西放在一起,这样当需要时查找起来就会非常方便。当彻底完成了一项工作时,再把这些东西集体转移到另一个地方。

(9)清理你用不着的文件材料。

把新用完的工作文件放在抽屉的最前端,当抽屉被装满的时候,清除在抽屉最后面的文件。换句话说,你要学会保持只有一个抽屉的文件,总量不要超出这个范围。有的人会把所有文件都保留着,这些没完没了的文件材料最后会成为无人问津的废纸,很多文件可能都不会再被人用到。当然,有的时候,你也许需要查找用过的文件,所以,原稿要一直保留在计算机里。

(10)定期备份并清理计算机。

你保存在计算机里的95%的文件打印稿可能还会在你手里放三个月，要定期备份文件到光盘上，并马上删除机器中不再需要的文件。

2.你和别人的差异，在于利用空闲时间

古今中外，凡在事业上有所成就的人，都有一个成功的诀窍：变等待为行动。他们中没有一个人喜爱清闲，贪图安逸。

著名的麦肯锡公司曾做过一个调查，清晰地向世人展示了人们空闲时间的秘密。这份抽样调查表明：美国城市居民平均每天工作时间为5小时1分；个人生活必需时间10小时42分；家务劳动时间2小时21分；闲暇时间6小时6分。四类活动时间分别占总时间的21%、44%、10%、25%。每一天，人们就是这样度过的。10年来，人的闲暇时间增加了69分钟，闲暇时间占到了一个人生命的1/3。中国人在电视机前待的时间每天是3小时38分，占掉了自己一半的闲暇时光，而日本、美国人每天看电视的时间分别为1小时37分和2小时14分。

这个调查还显示，本科以上高学历者的终生工作时间是

低学历者的3倍,平均日学习时间为50分钟,收入是低学历者收入的6倍以上。

许多人都认为,人与人之间之所以有穷有富,完全是因为环境、机遇、能力及性格等方面的差异造成的。然而,正如著名的物理学家爱因斯坦所说:"人的差异在于利用空闲时间。"

加拿大著名生物学家奥斯勒,不仅用他智慧的头脑和宝贵的时间为人类成功地研究了第三种血细胞,而且赋予了空闲时间以生命的神奇。他十分珍惜自己有限的时间,因此,他为自己定下了一个制度,睡觉之前必须读15分钟的书。不管忙碌到多晚,哪怕是凌晨两三点,他进入卧室以后也一定要读15分钟的书才肯入睡。这个制度他整整坚持了半个世纪之久,共读了8235万字,1098本书,医学专家最终变成了文学研究家。

通过充分利用每一分钟的空闲时间,我们每个人都可以从根本上改变自己的命运。虽然每个人因为职业不同、习惯不同,空闲时间的多少也有所不同,但主要的空闲时间大同小异。

不少人习惯在上下班时呆视车外流动的景色、放飞思想做白日梦,或是漫无目的地随便翻阅报章杂志、收听电台广播……其实,这些做法都是对时间缺乏计划的一种表现。对于一个渴望成功的人来说,倘若这些举动都是出自惯性,那么这段时间里，你的收获将极为细微。但如果你十分有计划地运用这段时间，你的收获可能会变得更大些。

在车上，如果你想阅读或者书写，最好选择挂钩旁边的位置。因为，即使是车厢很混乱的时候，这个地方也很少有人移动。在这里，你可以放下心来阅读或者书写。为了使一天的业务顺利进行，确定当天的商谈、会议、面谈等事务被记录进了工作时间表里，你要养成每天早晨检查当天工作时间表的习惯。每天只需耗费5分钟就足够了，这对提高你的工作效率有很大的帮助。

在车厢里，一旦看书入了神，往往会因为坐过站而耽误时间。然而，如果一直想着下车时间，那就没办法集中精神阅读了。明智的管理者，在车厢里阅读书籍或撰写稿件时，都会将手机"闹钟"定在离下车还有一分钟的时刻。这样不仅可以集中精神读书，还可以在疲倦的时候放心地小睡片刻。

享有盛名的"奥林比亚克科学院"，经常利用晚上的休息时间举行聚会。与会者总是手捧茶杯，边饮茶边议论，后来相继问世的许多科学创见，有不少就产生于饮茶之余。

高效率的玛尔扎特总会在他的电话旁放一叠阅读资料，这样，每次在等对方接电话时他就可以随便翻阅。

一位必须在机场花很多时间的业务员说："每次在下飞机去领行李的路上，我都会停下来给我的客户打电话，等我结束通话时，行李也出来了。只要你用心，任何时间都不会被浪费。"

霍桑一生从事着非常枯燥单调的工作，他在马萨诸塞州萨勒姆市海关部门工作了许多年，同时利用自己的空闲时间写出了四部小说，其中包括后来成为经典的《红字》。

经常听到有人说："等我闲下来再做。""等我手上没什么重要事情的时候再做。"但事实上，他们是将"空"的时间与"闲"的时间混淆了。他们可以在高尔夫球场上悠闲地挥舞着球棍，在游泳池边尽情玩乐，但就是没有"空"的时间。

实际上，在我们的生活和工作中，有不少时间是用来等待的。

信息化的社会里，市场竞争无孔不入，时间就是金钱，知识就是生命。为了获得更大的成功，人们势必要不断地压缩、挤占空闲时间。

搜狐CEO张朝阳说："我只是一个平凡人，我没有发现自己与别人有什么大的不同。如果说有不同，那就是我每天除了平均花7个小时睡觉外，其他时间都在工作。"

我们可以毫不含糊地说，别人能够做到的，我们经过努力也能做到。

因此，从今天起，从现在起，好好利用你的空闲时间吧！只要我们做到了，我们同样可以获得成功。

3.将精力值分给自己的各个"角色"

在实现梦想的过程中,有很多人都痛苦地意识到自己曾忽略了生活中的某些重要领域。他们发现自己曾在生活的某个领域,如事业、体育运动或社区服务投入了大量的时间和精力,代价却是牺牲了其他重要的领域,如健康、家庭或朋友。还有一些人意识到自己陷入各个角色之间不知所措,这些角色似乎在不停竞争、冲突以争抢他们有限的时间和精力。

我们经常听到如下感叹:

"我很想供养家庭、事业有成,但公司并不认为我认真想要晋升,除非我每天早来晚走、周末加班。"

"回家的时候,我早已筋疲力尽。我的工作太多,根本没有时间和精力来照顾家人。但家庭需要我,要带孩子,要讲故事,要帮助做作业,要商量重要事务……"

"我还没有谈到我的其他角色:我想做一个好邻居,我想对社区有所帮助,我需要时间来锻炼、阅读,或有点时间独自思考……"

我们有那么多事情要做——而它们都很重要!我们又怎能所有的都做呢?

你必须精力饱满，才能出手不凡

人们最经常提到的是工作与家庭之间的角色冲突，最经常说出来的痛苦是各种人际关系和个人成长方面的缺失。人们常说："我无法那么快地做事，每天应付生活的每个重要方面，总有些重要的事务无法完成。我干得越快，我越觉得失去平衡。"

平衡是一种艺术，我们应该如何保持自己生活中的平衡呢？是否只要尽快做完事情以便每天应付生活的各个方面就可以了呢？是否还有其他有效的途径可以使我们的生活彻底改观呢？

你怎么看待这些角色？

鲁宾斯是一个即将考大学的少年，他有7门功课要进行复习，可这时距考试时间只有130天，他必须要在这段时间内把7门功课都学好，否则很难踏入大学的校门。于是，他为自己制订了一个课程表。

他的数理化成绩一直不错，所以每门功课用15天的时间基本就可以了。

最让他感到头痛的是语文和法制课，这两门课一直都是他的弱项，所以成了他的主要突击对象，他为这两门课安排了60天的时间，他认为每门用30天的时间来完成复习，会有一个很大的进展。

剩下25天时间，他安排在体育锻炼和对历史的复习中，因为这两科对他来说也算是强项,所以他安排了比较短的时间。

通过这样合理的时间统筹,鲁宾斯很顺利地通过了高考,进入了加州大学。

他不像有的人一进入大学就好像有了某种保障似的,思想变得懒散,而是感觉前面有座更高的山需要他去翻越,所以要更加勤奋起来。为了不使自己忙中出乱,顾此失彼,鲁宾斯为自己做了一个很不错的学习时间表。

到这里,一年还剩150天就结束了,可真正属于学习的时间只有100天,他要在这100天里认真听讲、努力学习、虚心求教,把所有课程都学至优秀状态,这样才不枉费这100天的时间。

有人也许会问,一年365天,这里只介绍了230天用以学习,那其他时间该干什么呢?

如果你的学习成绩像鲁宾斯一样好,你便可以用双休日和假日去旅游度假,也可以利用假期发挥你的聪明才智,满足一下你的兴趣爱好,比如,搞个小发明,研究一个小课题,等等。

你如果能像鲁宾斯一样,把一年的时间细致地统筹起来,就能在预定时间内完成你的人生大事。

许多西方人从小受到的教育就是把他们看作生活中不同独立的"部门"。我们在不同的班级,上各自独立的课程,各有各的课本。我们在生物学中得了A,在历史课中得了C,但从来没有想过这两者之间有什么关系。我们把自己的工作角色看作是独立的，与家庭角色毫无关联，与其他的角色，例如个人成长或社区服务，也同样没有什么关系。结果，我们或者集中注意这个角色，或者集中于那个角色，我们在工作中的表现与在家庭中的所作所为没有多大关系，我们的私人生活与公众生活彼此隔离。

事实上，生活是一个不可分割的整体，平衡是生活和健康的要素。这种平衡不在于迅速把事情做完以应付生活，它是一种动态平衡，我们所要做的就是使各个角色之间协作增效。

同样是带女儿去打网球，我们可以从实现个人成长目标的角度，把它看成一项锻炼，也可以从履行父亲角色的角度，把它看成与女儿发展深厚关系的机会。如果要视察一个工厂，还要训练一个助手，我们尽可以把与助手一起视察工厂看作是训练助手的一个途径。

如果我们把角色看作生活上分离的部分，我们陷入的是时间匮乏的窘境。时间只有这么多，花在这个角色上的时间多了，就意味着花在其他角色上的时间少了，甚至没有。其实，每个角色都很重要，一个角色的成功并不说明我们可以接受在其他角色上的失败：事业上的成功不表示婚姻允许失败，社区的成功也不表示可以不尽父母的责任。在任何角色上的成功或失败都会影响其他各个角色和整体生活的质量。

我们生活的每个角色都有四个基本层面：身体层面（它要求或创造资源）、精神层面（它紧密联系于目标）、社会层面

(它涉及与其他人的人际关系)、智力层面(它要求学习)。回顾自己的角色时，我们既要看到实现目标的精神层面，也应注意到健康、家庭、朋友等方面的角色平衡，做到合理分配自己的时间。

4.滚蛋吧！拖延症

很多职场人士对于"拖延症"满是宿命般的无奈，它是精力值的隐形杀手，很容易渗透进人们工作生活的每一桩大小事。屡战屡败的拖延症人士，往往充满了对工作事项的恐惧或焦虑。

小马是一家公司的办公室文员，同时也是老板的秘书。

有一次，老板一早交给他一大沓材料，让他写一份演讲稿，字数5000字左右。这是公司上半年的各项总结材料，内容繁杂，条理不清，光看材料就花掉了他大半天时间，直到快下班了，小马还没有动手写。不过，他还是按时下班了。

小马当时想，反正老板也没有限定时间，第二天再写也不迟。没想到第二天，其他事情把他忙得团团转，他根本腾不出时间来写演讲稿。第三天仍然没有时间，直到第四天，小马才开始动手。没想到，正当他不停地敲击键盘时，老板的电话过来了："演讲稿下午上班时送到我办公室。"

小马一下子抓狂了，眼看时间就要到了，演讲稿肯定无法按时完成。当他推迟了一天，拿着打印好的材料交给老板时，老板的脸色明显很不悦："拖的时间太长了，这种事情以后要抓紧！"

小马立刻保证："好的，一定。"然后灰溜溜地退了出来。

本来可以随手处理的事，却拖了几天；几天内可以办的事，却几个月不见踪影；今天该做的事拖到明天完成，现在该打的电话等到一两个小时以后才打；这个月该完成的报表拖到了下个月，这个季度该达到的进度要等到下一个季度……

还有的人对需要解决的问题有意识地"踢皮球"，你踢向我，我踢向你，这会导致工作效率极低。

拖延使你要处理的问题越积越多，每天对着桌面上堆积如山的未处理的工作，却不知从何下手，结果往往是丢了这件忘了那件，一件不成又半途而废，费时费力，问题越来越多。

"拖"是人的通病，也是大病，我们常常因为拖延时间而心生悔意，然而下一次又会习惯性地拖延下去。几次三番之后，我们竟视这种恶习为平常之事，以致漠视了它对工作的危害。

无论是公司还是个人，没有在关键时刻及时作出决定或行动，而让事情拖延下去，都会给自身带来严重的伤害。那些经常说"唉，这件事情很烦人，还有其他的事等着做，先做其他的事情吧"的人，总是奢望随着时间的流逝，难题会自动消失或有另外的人解决它，这不过是自欺欺人。

拖延并不能使问题消失，也不能使解决问题变得容易起来，它只会使问题深化，给工作造成严重的危害。没解决的问题，会由小变大，由简单变复杂，像滚雪球那样越滚越大，解决起来也越来越难。而且，没有任何人会为我们承担拖延的损失，拖延的后果可想而知。

学会下面十招，一定可以变压力为动力，消压力于无形，进而改善拖延症。

第一步，精神超越——具有价值观和人生定位。

实现自我的人生价值和做好角色定位、人生主要目标的设定等，简单地说就是，你准备做一个什么样的人，你的人生准备达成哪些目标。这些看似与具体压力无关的东西其实对我们的影响十分巨大，对很多压力的反思最后往往都要归结到这个方面。卡耐基说："我非常相信，这是获得心理平静的最大秘密之一——要有正确的价值观念。而我也相信，只要我们能定出一种个人的标准来——就是和我们的生活比起来,什么样的事情才值得的标准,我们的忧虑有50%可以立刻消除。"

第二步,心态调整——以积极乐观的心态拥抱压力。

法国作家雨果曾说过:"思想可以使天堂变成地狱,也可以使地狱变成天堂。"

我们要认识到,危机即转机。遇到困难,产生压力,一方面可能是因为自己的能力不足,这时,整个问题处理过程就成了你增强自己能力的重要机会;另外,也可能是环境或他人的因素造成的,你可以理性沟通解决,如果无法解决,也可宽恕一切,尽量以正向乐观的态度去面对每一件事。

研究表明,一个人常保持正向乐观的心态,处理问题时,他就会比一般人多出20%的机会得到满意的结果。因此,正向乐观的态度不仅能平息由压力带来的紊乱情绪,也能使问题更容易导向正面的结果。

第三步,理性反思——进行自我反省和记压力日记。

理性反思,积极进行自我对话和反省。

对于一个积极进取的人而言,面对压力时可以自问:"如果没做成又如何?"这样的想法并非给自己找借口,而是一种有效疏解压力的方式。但如果本身个性较容易趋向逃避,则应该要求自己以较积极的态度面对压力,告诉自己,适度的压力能够帮助自我成长。

此外,记压力日记也是一种简单有效的理性反思方法。

它可以帮助你确定是什么刺激引起了压力，通过检查你的日记，你可以发现你是怎么应对压力的。

第四步，提升能力——疏解压力最直接有效的方法是设法提升自身的能力。

既然压力的来源是自身对事物的不熟悉、不确定感，或是对于目标的达成感到力不从心，那么，疏解压力最直接有效的方法，便是去了解、掌握状况，并且设法提升自身的能力。

通过自学、参加培训等途径，一旦"会了""熟了""清楚了"，压力自然就会减低、消除，可见压力并不是一件可怕的事。逃避之所以不能疏解压力，是因为本身的能力并未提升，使得既有的压力依旧存在，强度也未减弱。

第五步，建立平衡——留出休整的空间，不要把工作上的压力带回家。

我们要主动管理自己的情绪，注重业余生活，不要把工作上的压力带回家。留出休整的空间，与他人共享时光，交谈、倾诉、阅读、冥想、听音乐、处理家务、参与体力劳动等都是获得内心安宁的绝好方式，选择适宜的运动，锻炼忍耐力、灵敏度或体力……持之以恒地交替应用你喜爱的方式并建立理性的习惯，逐渐体会它对你身心的裨益。

第六步，加强沟通——不要试图一个人把所有压力承担下来。

平时要积极改善人际关系，特别是要加强与上级、同事及下属的沟通，切记，压力过大时要寻求主管的协助，不要试图一个人把所有压力都扛下来。同时在压力到来时，还可采取主动寻求心理援助，如与家人朋友倾诉交流、进行心理咨询等方式来积极应对。

第七步，时间管理——关键是不要让你的安排左右你，你要自己安排你的事。

工作压力的产生往往与时间的紧张感相生相伴，总是觉得很多事情十分紧迫，时间不够用。解决这种紧迫感的有效方法是时间管理，关键是不要让你的安排左右你，你要自己安排你的事。在进行时间安排时，应权衡各种事情的优先顺序，要学会"弹钢琴"。对工作要有前瞻能力，把重要但不一定紧急的事放到首位，防患未然，如果总是忙于救火，那将使我们的工作永远处于被动中。

第八步，活在今天——集中你所有的智慧、热忱，把今天的工作做得尽善尽美。

压力，其实都有一个相同的特质，就是突出表现在对明天和将来的焦虑和担心。而要应对压力，我们首要做的事情不是去观望遥远的将来，而是做好手边的清晰之事，因为为明日做好准备的最佳办法就是集中你所有的智慧、热忱，把今天的工作做得尽善尽美。

第九步，生理调节——保持健康，学会放松。

另外一个管理压力的方法集中在控制一些生理变化，如逐步放松肌肉、深呼吸、加强锻炼、保证充足完整的睡眠、保持健康和营养。通过保持你的健康,你可以增加精力和耐力,帮助你与由压力引起的疲劳作斗争。

第十步,日常减压。

以下是帮助你在日常生活中减轻压力的10种具体方法,简单方便,经常运用可以起到很好的效果。

(1)早睡早起。在你的家人醒来前一小时起床,做好一天的准备工作。

(2)同家人和同事共同分享工作的快乐。

(3)一天中要多休息,从而使头脑清醒,呼吸通畅。

(4)利用空闲时间锻炼身体。

(5)不要急切地、过多地表现自己。

(6)提醒自己任何事不可能都是尽善尽美的。

(7)学会说"不"。

(8)生活中的顾虑不要太多。

(9)偶尔可听音乐放松自己。

(10)培养豁达的心胸。

5.正确的准备，等于成功了一半

古语说："凡事预则立，不预则废。"意思是说，不论做什么事，事先有准备就容易成功，不然就会失败。

被誉为"经营之神""塑胶大王"的王永庆领导的台塑发展成今天石化工业的霸主，没有相当的远见是不可想象的。一些企业在不景气的时候都以压缩投资、减少生产来摆脱困境，而王永庆却有超人的气魄、与众不同的见解。他说："经济不景气的时候，可能也是企业投资与扩展计划的适当时机。"在台塑建成初期，生产的PVC塑胶粉卖不动，主要原因是客户对台塑产品的质量不了解，所以造成了积压。而王永庆以过人的胆识和远大的经营策略，不仅不退缩，反而决定扩大生产能力，日产量由原来的100吨增加到200吨，实现了规模生产，使生产成本大大降低，销售价格也随之下降。这么一来，台塑产品在市场上大受欢迎，积压的产品销售一空。

1980年，美国石化工业普遍陷入低谷，许多石化厂因此关闭停产。而王永庆这时却偏偏到美国投资建石化厂，同时还买下了两个石化厂、几个PVC加工厂。王永庆这一招确实又得到了丰厚的回报，令他的同行们羡慕不已。

第二章
精力饱满的人，会集中能量先做重要的事

越是情况纷繁复杂，越能显现出一个人见识的高超。见识低的人，在复杂的情况下，只会焦头烂额、手足无措；而见识高的人，不但面对复杂的情况游刃有余、应对自如，还能从中看到潜在的机遇、成功的曙光。

"船王"包玉刚进入船运业是在1955年，当时他用20多万元买了一条旧船——"金安号"。这一惊人之举遭到了几乎所有亲友的强烈反对，因为船运业不仅需要庞大的资金，而且风险极大。但包玉刚力排众议，毅然投身船运业，因为他看到了在港经营船运的巨大潜力。

香港有天然的深水泊位和充足的码头，香港平静的海面为国际贸易提供了方便的渠道。"二战"之后，世界经济复苏，各地之间的贸易往来增多，"船运是最廉价的一种运输方式，必将大有作为"，包玉刚坚定地这么认为。

正是这种高瞻远瞩让包玉刚收获了巨大的成功。到1978年，包玉刚经过20多年的苦心经营，已拥有50多条船、2000万吨运输能力的庞大船队，荣登世界"船王"宝座。但就在此时，包玉刚又作出了令全球惊讶的决定：减船登陆！因为他又以极其敏锐的眼光预见到世界性的船运衰退期即将到来，所以，他当机立断，及时卖掉了相当部分的船只，这使他顺利地逃过了后来船运大萧条时期的灾难。

你必须精力饱满，才能出手不凡

刚刚大学毕业的凯特才貌平平，从表面上看不出有什么过人之处。当她被一家知名公司录用为销售人员后，公司的职员都感到不可思议。按照往常的逻辑判断，以凯特的条件，她根本不可能打败众多前来公司应聘的对手。

凯特在公司工作一年后，副总经理的专职秘书因故辞职，工作必须有人接手打理，现招现聘显然来不及，况且副总经理的脾气和工作习惯不是随便一个人都能适应的。虽然觊觎那个职位的人很多，但谁都没有太大把握。令人想不到的是，人事部门最终选中了凯特做副总经理的秘书。幸运之神再一次眷顾了凯特，公司上上下下都对凯特羡慕不已。

同事艾玛问她："能告诉我，你为什么这么幸运吗？"

凯特笑着说："接到面试通知的时候，距离面试还有两天，我用这两天的时间去查阅公司资料，充分了解了公司的背景、产品、新闻等，做好随时上班的准备，当然就能提高被录用的机会了。至于为什么我一个小小的销售人员，却能够接任副总经理秘书的职位，那是因为我花时间和精力去观察公司中每个领导的工作态度。我知道前任秘书每天早晨会给副总经理泡一杯意大利咖啡，不加糖；下午两点半左右，换成茉莉花茶；每天都要在副总经理的办公桌上摆一束鲜花；在副总经理情绪不好的时候，绝对不能进他办公室。"

艾玛恍然大悟，原来前些天前任秘书请假后，这些事情都是凯特在做。

第二章
精力饱满的人,会集中能量先做重要的事

凯特为什么会得到公司领导的肯定?如果她每天不对领导的工作流程和脾气秉性细心观察,她不会知道领导喝咖啡不加糖,每天下午两点半左右需要茉莉花茶,自然也就不可能获得副总经理秘书的职位。凯特的"好运"印证了这句话:"机会总是留给有准备的人。"

远见会给你带来巨大的利益,为你打开机会之门。一方面,远见会赋予你成就感和乐趣,另一方面,远见会给你的工作增添价值。当我们的工作是实现远见确定的目标时,每一项任务都具有价值,哪怕是最单调的任务也会给你满足感,因为你会看到更大的目标正在实现。生存的价值和质量是由我们所做的事情决定的,此时此刻你所做的事,就决定了你的生命是留在原地还是迈向未来。所以,对每个人来说,最重要的不是我们现在身处何处,而是我们的想法在哪里,我们的事业方向在哪里,我们宏观的格局在哪里。

预见力是指一个人思考未来的能力。只有具备远见卓识,才能看清前进的方向,把握住时机,才能见机而行,相时而动,取得成功。相反,一个急功近利的人,不可能有发展的眼光,也不会考虑自己的长远目标,如此,自然就不会把握时机,成为激烈竞争的社会中的胜利者。

眼界有多广,你的世界就有多大。红顶商人胡雪岩曾说过:"做大生意的眼光,一定要看大局,你的眼光看得到一省,就能做下一省的生意;看得到一国,就能做下一国的生意;看

得到国外，就能做下国外的生意；看得到天下，就能做天下的
生意。"

行动来自于理念的导向，未来有赖于眼光的指引，只有
想不到的，没有做不到的。不要忽视眼光和理念的价值，它常
常是成功与失败的分水岭。

有气场的人都目光远大，具有志存高远的胸襟，他们总
是立足当前，为自己的未来勾画蓝图。在商云变幻之际，只有
敏锐地透视未来，准确地预测走势，果敢地决断风险，才能先
人一步取得成功。

第三章

你的精力有限，
不要浪费在无聊的人和事上

精力是有限的，尽管能培养，但始终有上限。所以，浪费精力的行为越早克制越好。比如，潜伏在微信群里抢几毛钱红包；敏感解读别人对自己的看法，做"有事您说话"的老好人，与三观不合的无关人员撕扯……

真正的精力高手，简单干脆不墨迹，自律专注有秩序。

1.恭喜你，没有在这里浪费太多时间

一个男孩找到了工作。可是，在试用一个星期之后，他向自己的主管提出了辞呈。

"起初，我以为我是很有兴趣的。工作了一个星期之后，我才发现我对这个工作一点兴趣都没有。"他说得理直气壮。

"我该恭喜你，至少你才做了8天，就发现你对这份工作不感兴趣。"主管感触万千地看着他，虽然有点失望，但不忍心责怪。

几天前来应聘的时候，男孩儿兴致勃勃地表达着他对这个行业的热爱。他当时那份"不入此行，终身遗憾"的豪情壮志让主管格外看好。

缺乏经验没有关系，热忱才是年轻人最大的资本。基于这个理由，主管很快说服自己，也说服了高层领导，录用了他。没想到，三分钟热度的遗憾竟发生在他的身上。是应该怪自己看走了眼，还是怪这年轻人太莽撞？

"说真的，我很想知道，你在这种工作上熬了多久？"临走前他不解地问。

"8年。"主管答道，"我做这个工作，做了8年，而且愈做愈觉得有趣。现在，我觉得除了它，别的我什么也做不好，它就是我最擅长的工作。"

"8年？我做了不到8天，就觉得无聊死了。"他坦白承认。

"我不清楚你的状况，不知道你是判断错误入错了行，还是因为碰到了一些困难而选择退缩。不过，如果你真的觉得这个工作不适合你，我真心恭喜你，你没有在这里浪费太多时间。有些人，做了半辈子，结果一事无成，才发现原来自己从来没有喜欢过这份工作。就像有些人，结婚几十年，才发现自己从来没有真正爱过对方。这种感觉是很可怕的。"

据调查，有28%的人正是因为找到了自己最擅长的职业，才彻底掌握了自己的命运，并把自己的优势发挥得淋漓尽致，这些人自然都跨过了弱者的门槛，迈进了成功者之列。相反，那72%的人正是因为不知道自己的"对口职业"，总是别别扭扭地做着不擅长的事，因此，不能脱颖而出，更谈不上成大事了。

杰克逊出生于一个物理世家，父母都是物理界的知名学者。他的父母希望他将来也成为物理学界的泰斗，所以从小便向杰克逊灌输各种物理知识。但不知什么原因，小杰克逊始终对物理提不起兴趣，却对经商情有独钟。他在夜里偷偷地学习有关商业及商业管理方面的知识，几乎到了如饥似渴的地步。但他无法违背固执的父母的意愿，成年后，他不得不到父亲所在的学校教物理，但他知道，物理绝不是他的特长，他相信，他的经商才能与商业知识足以使他在商界成名。

终于，父母放弃了对他的要求，但也言明不会对他经商提供任何帮助。若干年后，积累了丰富商业知识的杰克逊在商场上闯出了自己的一片天地，成为英国首屈一指的房地产大亨。

在这个竞争激烈的新时代，不仅需要人际关系，更需要能力，能力是成功的资本。但对很多人来说，发现自己的能力，即擅长做什么事，是一个比较困难的问题。因为在这个世界上，很少有人能像杰克逊一样，他们宁可相信别人，也不相信自己。

一位哲人曾说过："一个人所成就的事业，必然是这个人的特长，舍长取短是天下最愚蠢的人才干的事。"

一个人的一生能够得到多少"成就"，主要取决于他对自己擅长的工作的专注和投入程度。

一位著名的经济学教授曾经引用三个经济原则做了贴切的比喻。他指出，正如一个国家选择经济发展策略一样，每个人都应该选择自己最擅长的工作，做自己专长的事，才会胜任。换句话说，当你在与别人比较时，不必羡慕别人，你自己也有自己最擅长的工作，你的专长对你才是最有利的，这就是经济学强调的"比较利益"。这是第一原则。

第二个是"机会成本"原则。一旦自己作了选择，就得放弃其他选择，两者之间的取舍就反映出了这一工作的机会成本，因此，你必须全力以赴地做好自己的工作。

第三个是"效率原则"。工作的成果不在于你工作的时间有多长，而在于成效有多少，附加值有多高。只有提高效率，自己的努力才不会白费，才能得到相应的报偿与鼓舞。

在一群羊面前横放一根粗大的木棍，第一只羊奋勇跳了过去，第二只、第三只也会跟着跳过去。这时，把那根棍子悄悄撤走，后面的羊走到这里，仍然会像前面的羊一样，向上跳一下，尽管那根拦路的棍子已经不在了。这就是所谓的"羊群效应"，也称"从众心理"，即在信息量不充分的情况下，人们容易产生的盲从行为。

对于职场人而言，在就职方面，往往也会出现"羊群效应"。这是自然界的优选法则，在信息不对称和预期不确定的情况下，看别人怎么做确实能在一定程度上规避风险。羊群效应可以产生示范作用、学习作用、推广应用和聚集协同作用，这对弱势群体的保护和成长很有帮助。

但我们是人，不是羊，我们有思维能力，应该学会思考，去衡量自己，去寻找真正属于和适合自己的工作，而不是所谓的"热门"工作。如果个性与工作不合，努力反而会导致更快的失败。

有人做IT赚钱了，大家就一窝蜂去做IT；做管理咨询赚钱了，大家又一窝蜂去管理咨询公司；在外企干活，工作环境好，薪水也高，嘴里还时常蹦出洋气的英语单词，这样的小白领，看上去很风光，于是大家就都去学英语；现在做公务员很稳定，收入也不错，于是，大学毕业生都去考公务员，都来挤独木桥……

选择工作前，我们首先要考虑的不应是它是否"热门"，而应是自己是否喜欢、是否擅长这项工作，这将直接影响你以后在事业上的成就。

此外，我们还要留心自己所选择的行业和所在公司中所潜藏的危机。即使是朝阳产业、大企业，也不可能是"避风港"，风险永远都存在，必须大胆而明智地洞察。

2.期待别人善待自己，不如自己先原谅自己

从前有一位智者，他每年都会详细地记下两份账单，其中一份账单上罗列着自己在一年中犯下的所有错误，另一份账单上则记录着自己在一年中遭遇的所有不幸。

每到年末的时候，他就会拿出这两份账单，看看自己犯下的错误，再看看上天给予他的一切惩罚，他总会跪下来说："老天爷，原来我在今年犯了这么多的错误，但您也给了我许多不幸作为惩罚，所以，我决定原谅您，同时，我也真切地希望您能原谅我！"

故事看起来很简单，却具有深刻的寓意。

第三章
你的精力有限,不要浪费在无聊的人和事上

它告诉我们:在期待别人原谅自己的同时,必须先做到真正去原谅别人。换句话说就是,原谅别人,也就是原谅自己。

有人说,生活就像一本书,只有自己去翻阅,才能真正读懂。生活中,我们都会遇到很多自己无法预知的挫折和磨难,关键在于,我们的内心能否如大海一样"容人不能容"之事,是否真正承受得起生命之重。很多时候,只要我们怀揣一颗善良的心,不计较别人的不足与过失,生活就会太平无事。

小曼在同事的眼里是个幸福的小女人,老公对她疼爱有加,女儿也很乖巧,惹人喜欢,夫妻俩都在事业单位上班。每次,一家三口到户外散步的时候,总能引起路人的羡慕。

然而,这种幸福并没有长久,小曼的老公因车祸不幸离开了人世,留下了年幼的女儿和年迈的公婆全由她一人照顾。小曼为老公的离去伤心欲绝,在病床上整整躺了三个月,靠着每天输液才使生命得以维持。

因为想让女儿有一个好的未来,小曼最终振作了起来,离开了伤心之地,独自到另一个城市去打工。

几个月过后,小曼因为无法忍受女儿整天在电话里哭闹,只好又回到原来的地方上班。但令她意想不到的是,公公婆婆将家里的所有财产,包括房产证、金银首饰以及丈夫生前的存折都收了起来,仿佛在防备小曼。对此,小曼并未深究:"老公已经不在了,我还要那些东西做什么呢?"

就这样，她梳理好心态以后，照样上下班，照顾孩子，侍奉公婆。后来，她的公公因突发脑出血瘫痪住院，为了给公公看病，小曼到处向人借钱，内心没有一点怨言。

就在小曼的公公出院回家的那天，她的婆婆将房产证等都拿了出来，交到了小曼的手上，流着泪说："好孩子，妈妈真是错怪你了！"而小曼却淡淡地说："这件事我根本就没有记在心上，照顾您是我应该做的，放心吧，我此生会将你们当作我的亲生父母来侍奉的。"

生活中有不少爱较真的人，只要别人做了与自己利益相冲突的事情，就寸土不让"战斗"到底，纯然将自己扮成了一位"怨妇"，久而久之，自私的心会更加自私，没有温情的面孔会更加冷漠。

说到底，不管是社会关系还是家庭关系，很多时候，人与人之间是需要沟通的，只要沟通及时，相互间的理解自然就会多一些。"人心都是肉长的"，如果你以宽广的胸怀谅解别人，或者在关键时刻给别人一个"台阶"，那么别人自然就会看到你为人的真诚和热情，从而在心里留下感恩的印记。

如果一个人整天活在恩恩怨怨中，也许对方给你造成的伤害仅有一次，然而，怀有怨念的你会不停地想、不停地怨，就仿佛已被伤害了很多次一样。由此可见，当碰到不顺心的事情时，应迅速将一切怨念扔到垃圾桶里，活在当下。

3.积极主动没错,但凡事都得有个度

一次,销售经理张友奇带黄刚出差谈生意,因为客户代表邵一鸣是黄刚的大学同学,张经理希望黄刚能以这层关系为突破口,搞好公关。黄刚确实很快就和老同学热乎了起来,不仅给他详细地介绍了公司的产品,还天南海北地聊了起来。然而,在谈到一些合同细节时,黄刚完全没有征询张友奇的意见,最后竟然自己拍了板,商定了合同,让坐在一旁的张友奇很尴尬。

用餐时,黄刚又自作主张点了满满一桌菜,和邵一鸣继续神聊,把张友奇撂在了一边。看到满桌的菜肴剩下大半,餐费大大超过预算,张友奇心里非常不满。回公司的路上,黄刚得意地问张友奇:"张经理,我这次表现还可以吧?"

张友奇冷冷道:"嗯,不错,给我留下了深刻的印象!"从此以后,黄刚再也没有得到过出差的机会,彻底被张友奇雪藏了!

虽然在这次谈判中,黄刚起到了重要的作用,然而,他却忘了职场上的规矩,凡事都自作主张,完全没把上司当回事,这样做,如何能得到上司的信任呢?因此,在与上司相处的过程中,大到与客户谈判、日程安排,小到出去买水、确定住宿标准，都应该明确自己的职责，先听听上司的意见，以免出现不合时宜的言行。最佳做法是当好"参谋"，提出建议，说明理由，把最终决定权交给上司，切莫自作主张。

每个单位都像一部复杂而精密的机器，每个部件都在固定的位置发挥着不同的作用，以保障整部机器的正常运转。作为下属，应对自己的职务、职权、职责负责，在任何情况下，先做好自己的本职工作，到位而不越位。

到位而不越位讲的是"度"的问题。有的员工长期在上司身边工作，深得上司的信任，就产生了错觉，以为深受重用就消除了与上司之间的界线，从而不自觉地站在上司的位置上，替上司做主。虽然你的出发点是好的，是为上司分忧，也是为了维护公司的利益，但即使你做对了，上司心里也不会舒服，因为做决定的应该是他。所以，在工作中，无论你与上司的关系多么亲密，无论你的看法多么正确，也不要逾越与上司之间的界线。

在职场沟通中，"到位"与"越位"之间，有时是不好区分的，但也并不是无章可循，关键在于掌握好度，具体原则是：

（1）明确工作权限，对自身的责任划分要做到心中有数。

一个萝卜一个坑，每个人都有自己的岗位，伴之以明确的责任划分。对于这些，你要做到心知肚明，并使之成为你的行动纲领。只有弄清楚自己日常扮演的角色、应当履行的职责、应当遵守的行为规范，你才有可能做到"到位而不越位"。

(2)分清"分内"和"分外"。

在其位要谋其政,分内的事情要刻苦努力,力争做到、做好;分外的事情当然也不能全部"事不关己高高挂起",而是在你做好分内之事的基础上,适当予以关注。更重要的是,要学会思考分析,对于分外的事情,无关宏旨的,可以做做,至于不该你做的重大决策,还是保持沉默为好。

(3)不可积极过度。

我们提倡在工作表现中要积极主动,但凡事都有个度,如果积极过度,就很容易造成工作越位。比如,必须由上司亲自委派你干的某项工作,一般情况下不要主动要求,以免上司认为你插手太多,有越位之嫌。而不属于你自己职责范围内的事,要小心谨慎,尽量少插手、不插手。

4.学会说"不",你的精力就不会浪费

喜剧大师卓别林曾经说过:"学会说'不'吧!那你的生活将会美好得多。"我们在日常生活中,会遇到许许多多需要拒绝别人的场合,那么掌握必要的拒绝技巧,学会说"不",就显

得非常重要。

我们很少说"不"来拒绝他人的请求，不是因为我们无法分辨是非，或者请求十分紧迫，而是因为我们有种种顾虑，害怕拒绝会伤害朋友，得罪上司……

法国哲学家萨特说过："他人即地狱。"每个人或多或少都会为他人的目光所裹挟，很在意他人对自己的看法。更有些人，由于过分在意别人的眼光，总是随着别人的意见转，甚至失去了自我，追随着别人的看法生活。

每个人都是社会性的，难免生活在别人的眼光之下，卷入别人的价值观里，并因此而苦恼。事实上，这是我们的一种心理错觉，我们高估了自己在别人心中的地位，努力想去扮演一个完美者的形象来取悦大众。打个比方，我们在公众场合被绊倒时，第一反应往往不是"摔得好痛"，而是觉得丢了脸。

拒绝是一门学问，如果能在向对方说"不"的同时，也设身处地地为对方着想，给别人多留一些尊严，多给予一些体谅，这样的拒绝不仅不会伤害双方的关系，反而有利于促进人际关系的和谐。相反，如果拒绝处理得不好，不仅会伤了情面，还会让自己丢了名声。

沟通是一种语言技巧，也是一种为人处世的生活哲学，掌握了有效沟通的方法，我们就拥有了委婉拒绝的魔法棒。

第三章
你的精力有限，不要浪费在无聊的人和事上

刘锦松和叶辰同在朝阳公司的业务部任职，俩人虽为大学同学，但境遇却完全不同。平时，他们总是会接到很多供货商的电话，要求跟他们合作。虽然已经多次拒绝了合作意向，可是对方仍然不厌其烦地打电话过来，这让他俩都感到有些无奈。

有一次，刘锦松接到一个电话，虽然对方的语气很礼貌，可刘锦松还是很不耐烦，他丝毫没有给对方留情面，直截了当地说："我们领导已经决定了，暂时不会考虑和你们合作，请你们不要再打电话过来骚扰我，不然下次我直接挂电话，到时候可别怪我。"刘锦松的"直言不讳"让对方很下不来台，这给朝阳公司造成了很不好的影响，业内人都说朝阳公司的员工素质差，蛮横无理，许多合作商还主动终止了合作意向。没过多久，公司领导便不再允许刘锦松负责业务方面的事宜了。

叶辰接手刘锦松的工作以后，再接到那些骚扰电话时采取了另外一种策略：拖延。他总是在对方讲完以后，很客气地告诉对方："感谢您的来电，不过领导现在不在公司，我可以记录下您的具体合作意向，然后转交给领导，至于最终是否会与您合作，那就只能由领导定夺了。"当然，叶辰肯定不会把这件事告诉领导，至于以后对方再问及为何迟迟得不到回应，叶辰只需告诉对方：公司有明确的分工职责，商业合作的事宜并不由他来负责，所以具体情况他也不了解，然后让对方再耐心地等一等。久而久之，这件事也就不了了之了，对方也就懒得再打电话过来了。

　　拒绝是一门学问。刘锦松的问题就在于他的拒绝过于直接，让对方很难堪，何况双方都处于同一行业，闹僵了关系对谁都不好；而叶辰在拒绝别人时就很注意策略，让对方把想说的话一次性说个痛快，至于是否会转达那就是他自己的事了，起码让对方觉得自己受到了礼遇，即便未来合作没有达成，也不好再说什么。

　　下面一些沟通的小技巧可以帮助你顺利地拒绝别人。

　　(1)耐心倾听对方的要求。

　　即便在你的心中已经作出了拒绝对方的决定，也不妨让人家把话说完，这是人与人之间必要的尊重，能让人觉得你很有涵养。

　　(2)拒绝的语气要婉转和气。

　　不管在什么样的场合，别人讲完话以后首先要向对方表示感谢，毕竟对方愿意向你提出请求，也说明了对你的信任和认可。拒绝对方时的语气要婉转，不要太直接，用隐晦的词句向对方暗示，以达到拒绝的目的，也好让对方下得来台。比如，"感谢您的信任，不过对于这个方案的可行性，我们还不敢肯定，还需要一段时间再考虑一下"，这样的语句明显带有拒绝的含义，但让对方听来又不至于那么刺耳。

　　(3)尽可能展现笑容。

　　有人说，笑容是拒绝别人最好的武器。在拒绝别人时要注意面带微笑，不要表现出愤怒或是不屑。这不仅能让对方有被尊重的感觉，也能在被拒绝以后心中得到一些慰藉。另一个方面，当你把足够的笑容展现给对方时，即便对方心中有很多不情愿，也不好意思再继续纠缠下去，只能无奈地接受最后的结果。

（4）诱导对方自我否定。

所谓自我否定，就是让对方自己"拒绝"自己，这种方法行之有效，而且不伤感情。

罗斯福在担任美国总统前，曾在海军担任要职。有一天，一位朋友有意无意地问起了海军在加勒比海一个小岛建立潜艇基地的计划。罗斯福知道这些计划属于军事机密，即便是最好的朋友也不能随便相告，但考虑到朋友关系，又不好意思直接拒绝，便故意向四周看了看，装出一副很神秘的样子，压低声音问："你能保密吗？"朋友自信地说："当然。"听了朋友的回答，罗斯福笑着说："既然你能保密，那么我也能，所以我不能说。"

罗斯福的话让朋友感到惭愧，之后再也没问过。

（5）要言明拒绝的理由。

合情合理地讲出拒绝的理由，有理有据地把所有事实摆在面前，让对方哑口无言的同时，也能让对方充分理解你的难处，从而不会再继续为难于你。比如："我们公司的仓库已经囤积了大量货物没有卖出去，怎么能再去引进您的产品呢？如果换作是您，又会怎么做呢？"拒绝的理由如此充分，角色的假设如此恰当，想必对方再也找不到反驳的借口。

(6)要尽可能为对方找到出路。

如果条件允许，在拒绝对方的同时，为对方找到另外的出路。风水轮流转，帮助永远都是相互的，这次你虽然拒绝了对方，但如果能通过其他方法帮对方解决难题，那么下次当你遇到困难时，对方自然也不会不理不睬，这实际上也是给自己留了一条后路。

总之，成功拒绝别人是一门很深奥的学问。

5.朋友圈的黑名单

很多人抱怨自己没有真正的朋友，这种想法难免有些偏激，但也确实说明了一些问题。面对各种复杂的人事，要提高警觉性，分清朋友的善恶、好坏，谨慎行事。

谢敏十分热爱写作，一次偶然的机会，她认识了知名的

第三章
你的精力有限,不要浪费在无聊的人和事上

专栏作家许家璇,两人成了知心朋友,无所不谈。在许家璇悉心指教下,谢敏的写作水平有了很大提高,不久就投稿成功,在一份报纸上发表了自己的文章。就这样,谢敏与许家璇之间的关系更加紧密了,两人几乎成了连体婴,总是一同参加鸡尾酒会,一同去图书馆查阅资料,谢敏还把许家璇介绍给她所有认识的人。

但谢敏不知道,许家璇此时陷入了创作瓶颈,她拿不出与其名声相当的作品,创作的源泉几乎枯竭。

一次交谈,谢敏把她最新的创作计划毫无保留地讲给许家璇听,许家璇心里闪过了一丝光亮,她端着酒杯仔细听完,不住地点头。

不久,谢敏在报纸上看到了自己构思的创作,文笔清新优美,署名是"许家璇"。谢敏痛苦极了,她等着许家璇给她打一个电话,解释一下,但等了三天,许家璇都没有任何表示。

从那以后,这对好朋友彻底分道扬镳了。

利益,是君子和小人最好的试金石。在利益面前,各种人的灵魂都会赤裸裸地暴露出来。

进而言之,岁月也可以成为真正公正的法官。有的人在一时一事上可以称得上是朋友,日子久了,时间长了,就会更深刻地了解他们的为人,"路遥知马力,日久见人心",说的就是这个意思。如此长期交往、观察,便会达到这样的境界:知

人知面也知心。

　　要说张辉和王志飞的关系，那可真是铁杆哥们儿了。两个人是发小，一起长大，那份熟悉，就算问对方身上哪个地方有颗黑痣，他们也知道得一清二楚。

　　读初中的时候，两人学《三国演义》里的"桃园三结义"，结拜成了兄弟，张辉小了几个月，自然就是小弟了。这么多年来，王志飞总是在照顾张辉，用王志飞的话说就是"处处罩着张辉"。但张辉却越来越觉得，王志飞的照顾让自己有些喘不过气来。

　　去年，张辉的小姨给张辉介绍了一个女孩。相亲那天，王志飞不请自来，说要和张辉一起去，帮张辉参谋一下。正好，张辉也觉得有些紧张，就带着王志飞一起去了。

　　一见面，张辉就很高兴，对方正是自己喜欢的类型。张辉开心地和对方聊了起来，气氛渐佳时，王志飞突然在一旁说："哥们儿，看来这次不错，我就告退了。瞧你那熊样，相亲都得带保镖，以后胆大些。噢，对了，来的时候，你妈让我交代，要聪明些，别谈不成就乱花钱，知道你没啥心眼，啥事都得交代一下。"一句话羞得张辉赶紧低下头。面对女孩诧异的眼光，张辉只得硬着头皮说："我这哥们儿就爱开玩笑，别介意。"

　　交往了一年后，女孩觉得张辉不错，就答应了张辉的求婚。婚礼温馨又浪漫，着实让两位新人感觉到了生活的美好。第二

第三章
你的精力有限，不要浪费在无聊的人和事上

天，按照习俗，张辉要去女方家回门。作为张辉最好的朋友，王志飞当然又是陪同前往。岳父包了一家酒楼，招待他们，大家边吃边聊，气氛好不热闹。这时，王志飞突然对张辉的岳父说："叔叔，你这次可花了血本了吧。有一次张辉来你家吃饭，回去后又吃了一大碗，他说你家四个人就吃两盘菜，让他都不敢吃。"真是哪壶不开提哪壶，这让张辉又尴尬又难堪，一桌人哄堂大笑，张辉看见岳父的脸明显黑了下来。

诸如此类的事情太多了，搞得张辉现在都有些怕王志飞了。出门办事，他第一个念头就是不想让王志飞跟着。但王志飞却不依不饶，说："就你那熊样，我还不知道啊，我要不跟着，怎么能放心呢？"

可能是这句话刺痛了张辉，张辉冲着王志飞一顿吼："我就熊，怎样？你管得太多了吧！"

两个好朋友就此闹开，谁也不愿搭理谁。

张辉觉得委屈，他不明白，王志飞怎么好像专门跟自己过不去似的，他主要的任务似乎就是让自己出洋相，让自己在人前抬不起头来。他真怕了王志飞，只要一想起来，他就觉得压抑。

张辉最大的悲剧就是对朋友太过纵容，而王志飞最大的问题，就在于没有尊重他的朋友。再亲近的朋友，彼此心中都应该有一个不可触碰的底线，这就是尊重。一个对你没有尊重心的人，有可能会成为好朋友吗？

你必须精力饱满，才能出手不凡

王蕊的朋友陈珍珍性子简直就是林妹妹的翻版，用王蕊的话说，就是整天愁眉苦脸、唉声叹气。

每每一有不开心的事，陈珍珍第一个想到的就是王蕊。看到朋友不舒心，王蕊当然是百般劝慰，让她凡事看开些，别总由着自己的性子来。但王蕊的这番话，跟吹过去的一缕清风一样，陈珍珍就是没听进去。

那天，王蕊要和男友一起去拍婚纱照，正准备出发，陈珍珍的电话就来了。在电话里，陈珍珍说活着没意思，真想一死了之。王蕊一听，吓了一大跳，赶忙丢下男友，奔向陈珍珍那里。一问才知道，原来昨天由于疏忽，数据错了一个数字，被总监批评了一顿，她心里想不开，才会说这种话。

知道陈珍珍没事，王蕊的心才放下一半，只得安慰陈珍珍，又是请吃饭，又是请喝咖啡，总算是没事了。回到家后，王蕊的男朋友很生气，王蕊只得连连赔不是。

这事过去没多久，陈珍珍的问题又来了。因为男友受不了她的小性子，决定和她分手，陈珍珍因为这寻死觅活，不是不吃饭，就是哭个不停，王蕊安慰了一天也没用。正在这时，公司打来电话让王蕊加班，而王蕊又不放心，只得叫来另一个朋友陪着陈珍珍。可是，脚刚迈进公司大门，朋友就打来电话说陈珍珍晕了过去。于是，王蕊只得找同事帮忙，匆匆交代了几句，就赶到医院，连午饭都没吃。

刚进医院，陈珍珍就像祥林嫂一样对她说自己这么多年这么苦心守候这份感情，男友怎么能这样，说分手就分手。

此时，总监打来电话把王蕊一通狠批，因为王蕊把自己的工作拜托给同事，而同事又不是很熟悉，所以工作出了差错，险些造成巨大损失。总监要求王蕊写一份书面检查，在周一公司例会时做公开检讨。而此时，陈珍珍还在絮絮叨叨地讲述自己的悲惨故事……

朋友虽然是一种很纯粹的交往模式，但也要互惠互利，你敬我桃李，我送你西瓜。若你只会一味地索取，任谁都会觉得疲惫。

物以类聚，人以群分，只有性情相近、脾气相投的人才能走到一块儿成为朋友。如果对方的朋友都是一些不三不四、不伦不类的人，他的素质也不会太高；如果他结交的都是些没有道德修养的人，他自己的修养也不会太好。有的人交朋友以性格、脾气取人，能说到一块儿就是朋友；有的人则以追求取人，有相同的追求就能成为朋友；有的人因为爱好相同而走到一起。但无论如何，只有二人修养相当、品质差不多时才能成为永久性的朋友。所以，了解一个人的朋友也就了解了这个人。

想了解一个人，还可以观察他是怎样对待别人的。

人在得意的时候，特别爱诉说他与别人在一起交往的情景，他说的时候是无意的，不会想到他与被说人有什么关系，所以一般比较真实。

如果对方当着你的面说自己如何占了别人的便宜，如何欺骗了对方等，那你以后就得对他注意一点儿了，有可能他也会这么对待你。

还有一种人比较圆滑，好像很会处世，但往往是当面一套，背后一套，当着你的面说你如何如何好，别人如何如何不好。聪明人就得注意这种人，因为他在背后说别人坏，就有可能在你背后说你坏。

而有一种人可能当面批评你，指出你的缺点，却又在你面前夸奖别人的优点，你也许不愿接受他这种直率，但这种人却非常值得信赖。

另外，看一个人如何对待妻子、儿女、父母，也可以分析出这人是否有责任感。

你可以通过他是否按时回家、有急事时是否想着通知家人、说起家人时感觉是否很亲切等这些细节看出他对家人的态度。一个不把家人放在心上的人是不会把朋友放在心上的，这种人往往心里只装着自己，只关心自己的得失安危，根本就不会想到朋友。所以，交往时要注意尽量不要与那些没有家庭观念的人结交。

知彼知己，百战不殆。一般来说，与人交往之前，可运用以下四种方式对其进行具体考量。

第一，以自己的感觉为依据。

自己的感觉是最可靠的,唯有自己的感觉不会欺骗自己,所以,评价一个人怎么样,不能听信别人,更不能人云亦云。当然,当你所要接近的人众所周知声名狼藉时,你必须小心谨慎,以免受害。

第二,重在表现,既要听其言,更要观其行。

生活中不乏口是心非的人,如果只听其夸夸之谈,显然会被误导。只有行动才能暴露一个人的本质,也只有经过对其具体行动的考量,我们才能够对他作出一个大致的评价。

具体考量时,需从以下几个方面入手:

(1)在关键时刻或者危急时刻了解他,以便我们看清他的个性以及人品。

(2)通过他的工作了解他,可以判断出他的工作能力、业务水平和敬业程度。

(3)通过其他人了解他,可以判断出他在人群中的形象、地位以及前途。

(4)通过他与别人的人际关系了解他,可以判断出他在处理人际关系方面的能力。

(5)在是非中了解他,可以清楚地了解他的人格。

第三,确立自己个人的分类标准。

一般来说,可以把周围的人按照性格特征来分类,或者按照人品来分类,让他们一一对号入座,你心中就有了一个大致的交往之道。比如,老张很踏实,应该多交往;小陈工作散漫，还喜欢说同事的坏话，要跟他保持距离，等等。

第四，长期观察，随时调整。

人是极其复杂的动物，而且很多人都有多重人格面具，因而，想一次性了解透彻一个人极不现实。了解一个人，需要长期观察，而不是在见面之初就对他的好坏下结论。太快下结论，会因你个人的好恶而发生偏差，从而影响你们的交往。

另外，人为了生存和利益，大部分都会戴着假面具，你所见到的是戴着假面具的"他"，而并不是真正的"他"。这是一种有意识的行为，这些假面具有可能只为你而戴，而扮演的正是你喜欢的角色，如果你据此判断一个人的好坏，并进而决定和他交往的程度，那就有可能吃亏上当。

在初次见面后，不管你和他是"一见如故"还是"话不投机"，都要保留一些空间，而且不要掺杂主观好恶的感情因素，然后冷静地观察对方的行为。

一般来说，人再怎么隐藏本性，终究是会露出真面目的，因为戴面具是有意识的行为，时间久了自己也会觉得累，他们会在不知不觉中将假面具拿下来，就像前台演员一样，一到后台便把面具拿下来，这也就是所谓的"路遥知马力，日久见人心"。

第四章

别让长吁短叹和无所事事，
销蚀你宝贵的精力

你躺在沙发上玩消除类游戏，在手机上进行着"F"型轨迹的阅读。明明什么都没干却整天喊累，做事萎靡不振，负面情绪爆表，没有努力目标，觉得生活无聊……为什么你那么聪明却一直没成功？听再多的道理也无法过好自己的生活？因为你有时间、有体力、有能力，就是没精力。

1.没理由沮丧，你并不是最不幸的

犹太人有句谚语："假如你失去一只手，就庆幸自己还有另外一只手；假如失去两只手，就庆幸自己还活着；如果连命都没了，就没有什么可烦恼的了。"当你觉得倒霉的时候，不妨换个角度看问题，看看自己还拥有什么，这样你会觉得自己还是很幸运的。

要说起倒霉，谁都是倒霉事一箩筐。在网上输入"倒霉"两个字，就能搜出上千万条"倒霉"信息。谁都觉得自己是最倒霉的人，可以看到很多类如"我是世界上最倒霉的人""有谁比我更倒霉""为什么我这么倒霉"等标题。

哈维曾一度觉得自己是全天下最倒霉的人，先是工作没了，后来经商被骗破产了，花了7年时间才还清债务，结果妻子离他而去，孩子总是给他找麻烦……总之，没有一件让他高兴的事，他觉得上天对自己太不公平了，什么倒霉事都让他赶上了。可是，有一天，哈维突然变了，变得乐观了起来，不再时时抱怨说自己如何倒霉了。

那是1934年的春天，哈维正在一条街道上无精打采地走着，突然，一幕景象落到了他的眼里，让他倍受触动，决心改变。他看见路对面来了一个没有腿的人,那人坐在一块简易的木板上,木板下面像溜冰鞋一样装了滑动的轮子,他两手拿了木棍撑住地面往前滑, 时刻注意躲闪过往的车辆和行人。这人过街后,准备把自己挪到人行道上去,人行道比马路高出几英寸,正当他的小板子翘起来的时候,哈维正好跟他目光相对,这人竟主动向哈维打招呼:"早上好,今天是个好天气,你觉得呢?"哈维有点吃惊,他现在才发现自己其实是很幸运的,至少他还有两条健康的腿,能活蹦乱跳,面对这样一个勇敢面对生活的人,哈维为自己以前的自怨自艾感到羞愧,自己根本就算不上一个倒霉的人。

从此,哈维在镜子上贴了一句话,每天早起刮胡子都会看一看:"别人骑马我骑驴,回头看看推车汉,比上不足,比下有余。"

当你为洒掉半杯啤酒而懊恼时,不如为还拥有半杯啤酒而快乐;当你不小心摔倒时,你应该想幸好我是在这里摔倒,而不是在危险的地方摔倒, 有人不是掉到下水道里摔死了吗?真是老天保佑。

有个人跟随一个旅游团去外地观光, 坐的是那种大巴车。路上要经过一段弯行的山路,十分崎岖,不过司机说没问题,他对这条路很熟,还把车开得很快。正当大家兴致勃勃地

你必须精力饱满，才能出手不凡

观赏窗外的风景时，悲剧发生了，大巴车与一辆货车迎面对上，大巴车匆忙躲闪，由于车速过快，车失去了控制，翻到了山沟里，车里的乘客非死即伤。这个人也伤得很重，左腿被狠狠地卡在了车座里，后来被送进医院，医生不得不宣布要截去他的左腿，这意味着他从此要与假肢、拐杖和轮椅为伍了。但这人醒来后，没有痛苦多长时间，非常乐观。亲戚朋友来看他，以为他是在强颜欢笑，一边安慰他，一边说他倒霉。但他却说："还好，我觉得我很幸运，除了这条不听话的腿，我身上其他零件都还好好的，什么也耽误不了，那些丢了命的人才是最倒霉的。"

有时候，倒霉会爱上你，跟你形影不离，你到哪里它就跟到哪里，你几乎要被它逼疯了，生活变得一团糟，你的心情完全像"乌云遮月"一样阴暗。这时，你该怎么办？你怎么才能让心情美好起来？

记住，你永远不是最不幸的那一个，总有人比你更倒霉。当你遇到不开心的事时，想想那些比你还不幸的人，他们比你更有资格唉声叹气、自暴自弃。你仔细想想，你是不是还拥有其他东西？比如有份自己喜欢的工作，有两个可以诉苦的闺蜜或哥们儿，还有几件不错的衣服可以替换，还抽得起烟，还能去上网，还能到父母家去蹭吃蹭喝，还有一把力气，还能看见明天的太阳……你还有什么不满足的呢？

2.没有一种公平,是单独为你准备的

这个世界本身就不是根据公平的原则而创造的,如果你为此仇视不公平,背地里唉声叹气,指责抱怨,这或许能解一时之气,但不能改变实质。不要奢望自己成为上天的宠儿,假如生活欺骗了你,给了你诸多不公平的待遇,那么请你接受比尔·盖茨的忠告:"生活是不公平的,你要去适应它。"

莎拉·波哈特是一个深谙人生之道的女性。她曾经是四大州剧院独享荣耀的皇后,深受世界观众的喜爱。然而,在她71岁那年,接二连三的不幸出现了。她先是破产,然后医生又告诉她必须截肢。面对这样的悲惨现实,医生以为莎拉会暴跳如雷,可她却平静地说:"如果非这样不可,那只好如此了!"

她被推进手术室的时候,她的儿子在一旁哭。她挥挥手,表情依然平静,说:"不要走开,我很快就会回来。"去手术室的路上,她给医生和护士背她演过的戏里的台词,让他们高兴,她说:"他们心里的压力比我更大。"

手术很顺利,恢复健康后,莎拉·波哈特没有告别舞台,她继续周游世界,让观众又为她痴迷了7年。当有人向她询问

乐观的秘诀时，她笑着说："我养成了一种习惯，就是接受不可改变的事实。"

有人说过：人生因为遗憾而美丽！如果我们不能把不幸看作上天给我们的另一种恩宠，不妨试着让自己接受。人生时有不如意，一味地抱怨，天空只会永远布满阴霾；学会接受，天空才会是一片艳阳天。

历史上最有名的死亡，除了受难的耶稣外，可能就要数苏格拉底了。当时，雅典市内那些嫉妒苏格拉底的一小撮人控告苏格拉底侮辱雅典神，腐蚀雅典青年的思想，使他受审并被判死刑。当和善的狱卒把毒酒递给苏格拉底时，他说："请轻饮这必饮的一杯吧！"苏格拉底平静温柔地面对死亡，显示了他高贵的一面。

说这句话的时候，是耶稣出生前的公元前399年，但今天这个纷扰的世界似乎更需要这句话："请轻饮这必饮的一杯吧！"

河蚌与珍珠的故事，不知被人们编译出了多少个版本。当沙子进入河蚌的壳内时，河蚌是很难受的，可它又无力把沙子吐出去。在那一刻，它面临着两个选择：要么抱怨日子煎熬，要么想办法与沙子和平共处。河蚌选择了后者，它尝试把沙子包起来。渐渐地,当沙子裹上河蚌的外衣,河蚌就认为它是自己的一部分了,而非异物。沙子裹上的河蚌成分越多,河蚌越是把它视为自己,心平气和地任它存在。日积月累,曾经的痛苦,变成了难能可贵的珍珠。

河蚌是无脊椎动物,也没有大脑,在演化的层次上很低。然而,连一个没有大脑的低等动物都知道想办法适应无法改变的事实,把让自己难过的东西转变成自己可接受的一部分,那么,芸芸众生中聪慧的人们,又怎能只知一味抱怨呢?

美国著名神学家尼布尔有一句非常著名的祈祷词:"上帝,请赐给我们胸襟和雅量,让我们平心静气地去接受不可改变的事情;请赐给我们力量去改变可以改变的事情;请赐给我们智慧,去区分什么是可以改变的,什么是不可以改变的。"

普瑞尔生于巴黎附近的一个小镇,父亲开了一家皮革店,普瑞尔常常到店里玩耍。

就在普瑞尔3岁时的一天,命运给了他第一个不公平的待遇。父亲因为有事离开了店铺,普瑞尔便一个人在店里玩,不幸用小刀划伤了左眼,导致左眼失明。这次不幸只是个开始,此后,不断有倒霉事发生在普瑞尔身上。

普瑞尔的左眼失明后不久,右眼受到发炎影响也看不见了,才3岁的普瑞尔就这样失去了用眼睛看世界的能力。然而,普瑞尔并没有因此变得沉默、郁闷,他仍然像未失明时那样活跃快乐，五六岁时也和其他小孩儿一起去学校上课。

10岁时，在巴黎启明青年学院，普瑞尔开始读大凸字的书。不过，由于字母非常大且凸出纸面，一本小书往往有几寸厚，书虽然十分厚重，内容却不多。也就是从这时候起，普瑞尔有了一个梦想："一定有方法可以让盲人像正常人一样学习，一定有方法能让盲人更方便地阅读。我一定要找出这个方法，一定要！"

15岁时，他受到陆军上尉巴比业发明的军令暗码的启发，并经过无数次研究和组合，终于将字母以不同的点和位置组合表示出来，盲人只需用手指触摸这些不同点、位的组合，就可以读出字母甚至文章(以下我们将之称为凸点系统)。

然而，当普瑞尔在学院公布这个新方法时，居然受到了别人的冷嘲热讽。不过，普瑞尔没有气馁，他对这个方法充满信心，并且不断改良打凸点的方法，终于在20岁时，他的普瑞尔凸点系统正式完成了。

不过，普瑞尔凸点系统也和他本人一样受到了不公正的待遇，毫不重视的有，极度埋怨的也有。但是，直到普瑞尔去世之前，他都未曾放弃过。不管到哪里，他都努力宣传他的凸点系统，并教导学生使用。

积劳成疾的普瑞尔在他43岁生日后两天去世，临终时，他说："人心是非常难了解的，但我相信我在地球上的使命已经完成了。"说完不久，便含笑而终。时至今日，这个系统在世

第四章
别让长吁短叹和无所事事,销蚀你宝贵的精力

界已经普遍为盲人所使用。

对普瑞尔来说,命运何其不公!可以说,他的人生之旅没有一步是顺利的,但他没有自怨自艾、自暴自弃,反而创造了一个造福所有盲人的奇迹。

许多不公平的经历我们是无法逃避的,也是无从选择的,我们每天都在过着不公平的生活,但快乐或不快乐,与公平无关。承认生活中充满着不公平这一事实,能激励人们尽己所能,不再自我伤感。让每件事情完美并不是"生活的使命",而是我们自己对生活的挑战。而且,承认生活并不总是公平这一事实,并不意味着我们不必尽己所能去改善生活,去改变这个世界,恰恰相反,它正表明我们应该这样做。

当一切已成既定事实无法再改变时,收起抱怨和愤恨,试着转变自己的心态,去接受,去适应,在可控的范围内接受现实,改变自己,不单省去了苦恼,还能收获不一样的人生。

3.没伞的孩子，你更需要努力奔跑

有“伞”的孩子无疑是幸运的，没“伞”的孩子也没有必要为此沮丧，只要你愿意拼命“奔跑”，拥有更多的勇气与力量，一样可以获得自己人生的“大伞”。

一位大师让三个徒弟上山砍柴。临出门前，他给了大徒弟一把伞，以防天气有变；给了二徒弟一根拐杖，告诉他山路不好走时可以用得上；却什么也没有给最小的徒弟。

小徒弟不免伤心噘嘴，小声嘀咕说：“我最小，本该受到最多的照顾，可师父却这样对我……”

大师早就看出了小徒弟的心思，却含笑不语，只让三个徒弟赶紧上路。

傍晚时分，三个徒弟各自归来，都背回了两大捆柴。但大徒弟却被中午开始下的雨淋得浑身湿透，二徒弟跌得满身是伤，唯独小徒弟安然无恙。

大师把三个人叫到了一起，三人见面后对彼此的结局都感到颇为诧异，不禁说出了各自的情况。拿伞的大徒弟说：“当天空开始飘起零星小雨时，我因为有伞，就大胆地在雨中走，可当雨下大的时候，我却没有地方也腾不出手来撑伞，所以被淋湿了;但当我走在泥泞坎坷的路上时,我知道自己手里没有拐杖,所以走得非常仔细,专挑平稳的地方走,所以没摔一个跟头。"

接着,带着拐杖的二徒弟说:"我因为自己带了拐杖,所以当走到沟沟坎坎的地方时,便毫不在意,没想到竟常常跌跤;但是,当大雨来临的时候,我知道自己没带伞,所以尽量拣那些能躲雨的地方走,身上自然也就没怎么被淋湿。"

这时,小徒弟似乎明白了师父的用意,有些激动地说:"我知道你们为什么拿伞的被淋湿,带拐杖的跌伤,而我却安然无恙了!当大雨来时我躲着走,路不好走的地方我便格外小心,所以我既没淋湿也没有跌伤。"

大师仍然像刚出发时一样,慈爱地看着小徒弟,又转向大徒弟和二徒弟说道:"你们的失误就在于,你们有了自认为可以依赖的优势,便少了忧患。"

"你是一个没有雨伞的孩子,下雨的时候,人家可以撑着伞慢慢走,但是你必须奔跑……"是的,你只有努力奔跑,否则能怎么办呢?

你不能躲起来等雨停,因为雨停了或许天就黑了,那时候你的路更难走;你没有办法等待雨伞,也没有人会给你送伞。所以,你只能选择奔跑,而且是努力奔跑,跑得越快,被淋得就越少。

你必须精力饱满，才能出手不凡

　　有人说："我为什么要跑，难道跑到前面就没有雨了吗？既然已经在雨中了，我又为什么要浪费力气去跑呢？"是的，即使跑得再快，也会被淋湿，但这是一个态度问题。努力奔跑的人可能会得到更好的结果，那就是衣服只湿了一点点，并不影响继续穿，而且可以继续他的社会活动；而不愿意奔跑的人，被淋透的可能性是百分之百。这就是二者的不同——奔跑的人还有机会，不愿奔跑的人注定悲剧。

　　有一个年轻人，因为家贫没有读过多少书，进城之后，他发现城里没人看得起他。在决定离开那座城市时，他给当时很有名的银行家罗斯写了一封信，抱怨了命运对他不公……就在他用完身上的最后一分钱，打包好行李准备离开旅馆的那天，罗斯寄来了回信。信中，罗斯并没有对他的遭遇表示同情，而是在信里给他讲了一个故事。

　　对于鱼类而言，鱼鳔掌控着鱼的生死存亡，鱼鳔产生的浮力，使鱼在静止状态时能够自由控制身体处在某一水层。此外，鱼鳔还能使腹腔产生足够的空间，保护其内脏器官，避免水压过大，内脏受损。可是，在浩瀚的海洋里，有一种鱼却是惊世骇俗的异类，它天生就没有鳔！更让人惊奇的是，它早在恐龙出现前3亿年就已经存在于地球上了，至今已超过4亿年，它在近1亿年来几乎没有发生任何改变。它就是被誉为"海洋霸主"的鲨鱼！英雄式的鲨鱼用自己的王者风范、强者之姿,创造了无鳔照样称霸海洋的神话。那么,究竟是什么让鲨鱼没有鳔还能在水中活得游刃有余呢?经过科学家们的研究发现,由于鲨鱼没有鳔,一旦停下来,身子就会下沉,所以,它只能依靠肌肉的运动,永不停息地在水中游动,这使其保持了强健的体魄,练就了一身非凡的战斗力。

最后,罗斯在信中说:"这个城市就像一片浩瀚的海洋,而你现在就是一条没有鱼鳔的鱼……"

那晚,年轻人躺在床上,久久不能入睡,一直在想罗斯的话。最终,他改变了决定。

第二天,年轻人向旅馆的老板请求,只要能给他一碗饭吃,他可以留下来当服务生,一分钱工资都不要。旅馆老板见竟然有这么便宜的劳动力,就欣然收留了他。

10年后,这个年轻人拥有了令人羡慕的财富,并娶了银行家罗斯的女儿,他就是石油大王——哈特。

除了努力之外,成功没有捷径可走。

很多时候,决定我们人生成就大小的,并非我们是否拥有比他人不可比拟的优势,而在于我们自己,在于我们是否有一颗不言放弃、敢于拼搏的心。

4.把时光"浪费"在最重要的事情上

　　人在年轻的时候，拥有足够多的时间去创造无数种可能，还可以为自己将来的辉煌奠定基础。所以，一个人的青春时光决定着你后半生的命运，这使其显得弥足珍贵，容不得你将其浪费在那些琐碎、无聊的事情上。

　　人生几十年，看似漫长，实则转瞬即逝。那么，这有限的生命该怎样度过，到死去的时候我们才能不悔此生呢？

　　有一天，一个旅行者路过一片树林时，发现树林中散落着一些白色的石头。他随手捡起了一块，发现上面写着"阿布杜尔塔艾格，活了8年6个月零3天"。看到这里，旅行者心头一颤，原来这是一块墓碑，而这个孩子才活了8年就死掉了，太令人痛心了。他接着又拿起另一块石头，发现上面写着"活了4年8个月零9天"。旅行者感到惊讶难过，他又继续看了更多的墓碑，发现时间最长也只是11年。他们的生命真是太短暂了，这个旅行者禁不住哭了起来。

　　也许是听到了他的哭声，一位老人走了过来。旅行者问老人："这里到底发生了什么事情？为什么这些孩子小小年纪都死掉了？"

老人笑着说:"别害怕,他们不是孩子,这一切都源于我们这里的一个古老习俗。在我们这里有一个习俗,当一个人长大到15岁时,父母就会给他一个本子,从这一天开始,每当他去做有价值的事情,比如帮助别人、为梦想努力学习等,他就要把做这些事情的持续时间记下来,当他去世的时候,我们就会把他所有花费在有价值的事情上的时间加起来,刻在他的墓碑上。"

旅行者听完,恍然大悟。

这个故事的寓意很明确,一天又一天,不论我们在做什么,时间总是流淌不止,可是,只有那些我们用来做有价值的事情的时间,才是真正属于我们的时间。

心理学中有一个著名的定律,叫作"不值得定律"。心理学家对人在从事一种工作时的心理效应进行研究后发现,在大多数正常情况下,如果一个人主观上认定某件事是不值得做的,那么在做这件事的时候,他就不会全力以赴地把它做好,即使做好了,他也不会觉得有成就感。所以,人们通常会认为:"不值得做的事情,就不值得做好。"

但是,"这些不值得做好"的事情,也在占用我们宝贵的时间和资源,对它们敷衍和马虎的态度也并不会减少在这些方面的消耗,相反,因为不能尽全力做好,其结果也不会令自己和别人满意。最好的解决方案就是,放弃那些你认为不值得做的事情，去做最值得你期待的事。

帕瓦罗蒂是世界著名的男高音歌唱家，被世人称作"高音C之王"，他被公认为是声音最具自然美感的演唱家，那首《我的太阳》在中国也是家喻户晓。

在成为男高音歌唱家之前，帕瓦罗蒂曾经做过小学教师。很多版本的故事都说他在教师和演唱之间难以取舍，在父亲的启发下才放弃了"脚踏两条船"的情况，选择了歌唱。然而，实际情况并非如此。

帕瓦罗蒂作为教师是很不成功的，他曾坦承，小学教师的经历是他的噩梦，"我无法在学生面前显示出自己必要的权威"。

他之所以做不好小学教师这份工作，是因为这份工作在他看来并不值得做好，这份职业不会给他值得期待的未来。在帕瓦罗蒂心里，当小学老师从来不是值得他做的事情，当歌唱家才是。从17岁开始，他就在为成为歌唱家而努力，在当老师的同时，他还在跟歌唱家阿里哥·波拉学习唱歌，为了引起经纪人的注意，他也在各种免费的音乐会上演唱。不再做小学老师，并不是他在两条船里选择了一条，而是主动放弃了一项他认为不值得做的事情，从此可以专心致志地朝梦想努力。

有趣的是，帕瓦罗蒂自认为无法在小学生面前建立权

第四章
别让长吁短叹和无所事事,销蚀你宝贵的精力

威,然而多年以后,在英国海德公园举办的露天演唱会上,他却能让12万名观众在滂沱大雨中看完他的全场演出,其中还包括查尔斯王子和戴安娜王妃。

人的能力和可以调用的资源都是有限的,即使智力最高和最有权力的人也是一样。把有限的力量集中起来,做好最重要的事,才是明智的人生策略。那些不值得做的事,会让我们消耗无数时间和精力,但得到的回报却少得可怜。如果你为做这些事而得到些许的自我安慰和虚幻的自我满足,那已经是难得的"收获"了。然而事实却是,这些不值得做的事,最终会让我们为耗费在它们身上的大好时光而追悔莫及。而对于我们心理上认为值得做的事和值得期待的结果,我们的态度就会截然不同,我们不仅会全情投入,不计得失,甚至能不畏死亡。

对于什么样的事是值得做的事,世上没有统一的标准。有人追求事业的成功,有人追求家庭的幸福,有人追求未来的福祉,无论哪一样,做自己认为值得做的事,你就不会后悔。

有一位女作家应邀参加笔会,坐在她身边的是一位来自匈牙利的年轻男作家。女作家衣着简朴,沉默寡言,态度谦虚。男作家不知道她是谁,以为她只不过是一名不入流的作家,于是摆出了一种居高临下的态度。

你必须精力饱满，才能出手不凡

"请问小姐，你是专业作者吗？"

"是的，先生。"

"那么，你有什么大作发表吗？能否让我拜读一二？"

"我只是写写小说，谈不上什么大作。"

男作家更加确信自己的判断了，他说："你也是写小说的？那我们算是同行了，我已经出版了339部小说，请问你出版了几部？"

"我只写了一部。"

男作家有些鄙夷地问："噢，你只写了一部小说，那能否告诉我这本小说叫什么名字？"

"《飘》。"女作家平静地说道，狂妄的男作家顿时目瞪口呆。

那位女士就是玛格丽特·米切尔，一生中只发表了《飘》这部长篇巨著。她从1926年开始着力创作《飘》，10年之后，作品问世，一出版就引起了强烈的反响——它被译成18种文字，传遍全球，至今畅销不衰。《飘》在1937年获普利策奖，1938年被拍成电影，该电影曾以《乱世佳人》的译名在我国上映。

而那个自鸣得意的小作家连同他的几百篇小说恐怕早被淹没在滚滚历史的浪潮中，被冲逝得无影无踪了。

玛格丽特·米切尔的父亲曾经给予女儿这样的忠告："每一件事都要认真地做到最好。人生不一定要做很多事情，但是,至少要做好一件事情,因为质量远比数量来得重要。"

玛格丽特·米切尔听从了父亲的忠告,把人生的"一件事"做得彻底,做到了极致,做到了完美,取得了惊世的成就。

著名心理学家加利·巴福博士曾经说过:"再也没有比即将失去更能激励我们珍惜现有生活的了。一旦觉察到我们的时间有限,就不再会愿意过原来的那种日子,而想活出真正的自己。这就意味着我们转向了曾经梦想的目标,修复或是结束一种关系,将一种新的意义带入我们的生活。"当你意识到时间的宝贵,你就应该懂得该如何将你的时间"浪费"在最重要的事情上。

每个人一生的梦想和欲望有很多,你要在懂得选择的同时,学会放弃,如果你能够认真区分并减去那些并不是很重要的事情,从而一生专注于实现一个目标,那么,你的人生之路将会变得清晰而简单,你会加速自己成功的步伐,创造生命的奇迹。

5.你所谓的极限,不过是别人的起点

　　成千上万的观众被一个正在巡回表演的马戏团吸引,其中,一只大象的演出尤其令人拍案叫绝。

　　有一个少年特意跑到马戏团的后台,为了能够更近距离地看看大象,他到处找大象栖身的地方。但是,他发现那头大象被一根普通的绳子缚在一根木头旁,他感到很奇怪。

　　少年好奇地问一位驯兽师:"先生,为什么只用一根绳子便能制伏这么巨大的象,难道不怕它用力一拉便逃走了吗?"

　　"你不了解吧!"驯兽师笑了笑,回答道,"当它还小时,我们用大铁链把它锁着,每当它想逃走时,它只要用力一拉铁链便痛得动弹不得。久而久之,每当它想到用力拉就会有痛的感觉时,它就会放弃了。所以,即便现在我们只用一根绳子缚着它,它也不会相信自己可以逃走了。"

　　现实生活中,是否有许多人也像大象一样,年轻时意气风发,屡屡去尝试着实现自己心中的梦想,但往往事与愿违。在经历过多次失败打击之后,他们日渐消极,不是抱怨这个世界不公平,就是怀疑自己的能力。他们不是去努力寻找新的奋斗目标,追求突破,而是一再降低自己的人生目标——

即使原有的一切限制已取消。

"大铁链"虽然被换掉了,但他们早已经痛怕了,不敢再尝试,或者已经习惯了,不想再跑了。人们往往因为害怕而放弃追求成功,甘愿忍受失败者的生活。

难道大象真的不能挣脱绳子的束缚吗? 当然不是。只是它的内心已经接受了 "这根绳子的强度是自己无法挣脱的" 这个现实。

一只长年生活在一口小圆井底下的小青蛙,它住的那种水井,就像你常常会在农家小院里看到的一样。小青蛙和家族世世代代住在那里,它也很满足于在水里嬉戏,绕着这口水井游泳。它常想着:我的生活不可能比现在更好,因为我已经拥有了一切所需。

但有一天,它抬起头看并注意到了井上的光线,小青蛙好奇了起来,它开始猜想上面会有什么东西。它慢慢地沿着井壁往上爬,当它爬到井口时,小心地沿着井边往外看,首先看到了一个池塘,它简直不敢相信,这池塘可比自己住的那口井大上好几千倍! 它继续往前探险,发现了一个大湖,它惊讶地瞪大眼睛站在那儿。小青蛙继续沿着湖边往前爬,终于有一天,它历尽艰险,长途跋涉来到大海,目光所及之处,尽是一望无际的汪洋,它的震惊难以形容。

你必须精力饱满，
才能出手不凡

你是否深入思考过，其实，你也是在"坐井观天"？20多岁的年纪，就认为自己已经到达了人生巅峰，达到了生命的极限，不可能再有更大的成就。一个人，无论他的能力多么突出，才华多么出众，学识多么渊博，最终决定他能否成功的最关键的一项因素是他的心理高度，即他认为自己能取得多大的成就。

一名士兵有一次给拿破仑送信，由于过于匆忙，在他把信件送到之前，所骑的马就摔死了。

拿破仑完成回信之后，将信交给这名士兵，并命令他骑上自己的马，尽可能快地将回信送过去。这名士兵看着这匹戴着极好马饰的高贵马，说道："不行，将军，这匹马对于一名普通的士兵来说太豪华太高贵了。"

拿破仑说道："相比于法国士兵来说，没有什么东西太豪华或太高贵。"

世界上到处都是像这个可怜的法国士兵一样的人，他们认为别人拥有的东西对他们来说都太优秀，与他们卑微的身份不相称，他们不应该享有同样优秀的东西。他们意识不到，恰恰是自己这种妄自菲薄的态度削弱了自己的意志力，他们对自己没有足够的自信，没有足够的期望，也没有足够的要求。

如果你自认为是侏儒,只期待渺小的事情,你永远也不可能成为巨人。雕像永远只会像模特儿,而模特儿就是雕像的心理极限。

溪流的流向永远不会高于它的源头,你所谓的极限不过是别人的起点。

如果只能给年轻人提一条建议,那就是:"尽可能地相信自己。"也就是说,相信命运掌握在你的手中,相信一旦内心力量被唤醒,被激发,被开发,你就能活得更好。

6.天下没有怀才不遇这回事

成功者常常说:"天下没有怀才不遇这回事。"某知名"80后"作家说得更俏皮:"怀才就像怀孕,日子久了迟早会被发现。"但为什么很多人日复一日、年复一年地囿于"怀才不遇"的怨恨与叹息中呢?

一棵草气急败坏地质问锄地的农夫:"瞧瞧你都干了些什么!你了解我的价值吗?我给人类带来了清新的空气,给大地带来了生命的绿意，我保护着泥土不被雨水冲刷，我让世界充满了生机……在千里沙漠，在茫茫戈壁，人们会因为有我的身影而欢呼雀跃，而现在，你竟然愚蠢地要除去我！"

农夫一边挥汗如雨，一边回应着草的抱怨："可惜你偏偏长在了我的麦田里！"

看了这个寓言，你的内心是不是感慨万千呢？的确，在现实生活中，有这样一些人，他们有丰富的工作经验，但工作业绩一直平平；他们具有吃苦和打拼的精神，但每每都以失败告终；他们满腹才华，却平庸地度过了一生……

命运似乎在捉弄这些人，殊不知，决定他们命运的正是他们自己。

因为，一个人成功与否，很大程度上取决于他是否能发现自己的优势，并将它发挥出来。

张岩大学毕业后，凭着自己在学校的优异成绩，进入了一家合资企业工作，计划在5年内升为公司部门经理。

雄心勃勃的张岩进入公司后准备大干一场。企业的文化提倡民主，提倡基层员工与管理层平等对话和沟通，他对此非常认同，于是常常根据自己的看法向部门主管提一些意见。而部门主管也的确是一副虚心好学的态度，非常耐心地

第四章
别让长吁短叹和无所事事,销蚀你宝贵的精力

倾听,可是过后,张岩却很少得到及时反馈,他便认为部门主管并没有虚心接受他的意见,只是表面装装样子。

此后,张岩便不再提意见,而开始发起了牢骚。时间一长,他的工作满意度开始下降,工作也经常出错,遭到了主管的多次批评。不久,公司解聘了他。

张岩自我安慰地说,换个工作环境也好。不久,他进入了一家外资公司,可没过多久,他就发现,这家公司的管理跟以前那家不能比,日常运作存在太多问题。一时间,他那爱抱怨的毛病又上来了,还为此跟顶头上司发生了几次争执。这次,他不等被解聘,就主动提交了辞呈。

就这样,5年的时间里,张岩换了数十个工作,每次都是发现新公司一大堆毛病,抱怨越来越多,当初的职场晋升计划成了竹篮打水一场空。

我们不能借口运气不佳就不去成长,那背离了自己生命的本质,是消极厌世。你或许无法获得辉煌的成功,但一定要以一颗平常心面对这浮躁的世界,踏踏实实地成长,一步一个脚印地走好人生路。

道尼斯是一家进出口公司的职员,他进入这家公司的时间不长,但晋升速度之快,让周围的人都惊诧不已。一天,道尼斯的一位知心好友怀着强烈的好奇心问他为什么

会晋升这么快，道尼斯听后无所谓地耸耸肩，含笑答道："这个嘛，其实也没有什么特别的原因，只是我做得比别人多点。当我刚开始去杜兰特先生的公司工作时，我就发现，到了下班时间所有人都回家了，只有杜兰特先生依然留在办公室里工作，而且一直待到很晚。另外，我还发现，这段时间内，杜兰特先生经常找一个人帮他把公文包拿来，或是替他做重要的服务。于是，下班后我也不回家，待在办公室内继续工作。虽然没有人要求我留下来，但我认为应该这样做。如果需要，我可以为杜兰特先生提供任何他所需要的帮助。就这样，时间久了，杜兰特先生就养成了呼叫我的习惯，并对我积极主动地工作留下了良好的印象。这就是我晋升的原因。"

甲与乙两人是一起长大的好朋友，他们少年时一起逃课、上网，从不认真学习，等到高考的时候，二人的成绩均为一般，与名牌大学无缘，进了一所普通大学。

甲依然像以往一样，上网、睡觉、游戏人生，总之，他依旧堕落、散漫。

乙却厌弃了这样的生活，他问甲："难道我们就只能这样下去吗？难道我们就没有其他选择了吗？"

甲说："看看我们周围的同学，他们不都是这样吗？这就是我们的人生现状，不这样下去，又能怎样呢？"

乙说:"但我一定要改变,我要崛起。"

甲听了,嗤之以鼻,说:"即使你成了本校的第一名,在名牌大学中,你的成绩依然是倒数。放弃吧,人要认命,我们已经没有什么前途了。"

但乙心意已决,他开始认真学习,花更多的时间沉浸于书海之中。他相信,习惯都是养成的,坏习惯如此,好习惯也是,而只有养成了好习惯,才能得到美好的人生。

转眼间,3年过去了,甲与乙毕业了,又同时进了一家公司。

甲对乙说:"看一看吧,名牌大学的学生就是和我们不一样,他们一毕业就拥有比我们更好的工作,得到更多的瞩目与青睐。"

为此, 甲常在人前人后感慨:"如果在学校时好好学习,天天向上,现在我也不会沦落到这种地步。"

乙却说:"亡羊补牢,未为迟也。如果我们从现在开始勤学与奋斗,那么,明天我们一定会拥有更成功的人生。"

甲说:"晚了。"

乙说:"不晚。"

他们按照各自的认知工作着,5年后,甲依旧是一名普通的员工,而乙却成了公司的一名经理。

不论你是什么人,不论你做着什么,对你而言,机会总是有的。在贫穷中,你有让自己变得富有的机会;在失败中,你有让自己变得成功的机会；在渺小中，你有让自己变得强大的机会。

跌倒并不等于失败，最大的失败是跌倒后再也爬不起来；不幸并不等于可怜，最大的不幸是只会叹息自己的不幸，而没有改变的思想与力量。

第五章

精力好的人都快乐，
但不是都完美

所谓精英，首先要精力好。精力好和精力差的人，过的是两种不同的人生，有的是两种不同的未来。

从现在开始，能接吻就不要说话，能拥抱就不要吵架，能行动就不要发呆，能团聚就不要推辞。好的东西不要珍藏，今天能做的事不要等到明天。任何不快乐的时光，都是浪费精力。

1.快不快乐，完全是由自己的想法决定的

包希尔·戴尔的眼睛几近失明，但她的生活却并不像我们想象的那么糟糕。因为她始终坚信，不论是谁，只要来到了这个世界，就是合理的。用她的话说，她相信有所谓的命运，但她更相信快乐，因为她自己就是一个在厨房的洗碗槽里也能寻求到快乐的人。

包希尔·戴尔的眼睛处在几近失明的状态很长时间了，她在自己所写的名为《我要看》的书中这样写道："我只有一只眼睛，还被严重的外伤给遮住，仅仅在眼睛的左方留有一个小孔，所以每当我要看书的时候，我必须把书拿起来靠在脸上，并且用力扭转我的眼珠从左方的洞孔向外看。"但是，她拒绝别人的同情，也不希望别人认为她与一般人有什么不一样。

当她还是一个孩子的时候，她想要和其他孩子一起玩踢石子的游戏，但她的眼睛却看不到地上画的标记，因此无法加入他们。于是，她就等到其他孩子都回家之后，趴在他们玩耍的场地上，沿着地上所画的标记，用她的眼睛贴着它们看，并且，把场地上所有相关的事物都默记在心里。之后不久，她就成了踢石子游戏的高手。

第五章
精力好的人都快乐,但不是都完美

她一般都是在家里读书,首先,她先将书本拿去放大影印,再用手将它们拿到眼睛前面,几乎贴到她的眼睛上,以致她的睫毛都碰到了书本。就是在这种情况下,她获得了两个学位,一个是明尼苏达大学的美术学士,另一个是哥伦比亚大学的美术硕士。

到了1943年,那时她已经52岁了,也就是在那个时候发生了奇迹。她在一家诊所动了一次眼部手术,这次手术使她的眼睛可见距离比原先远了40倍。尤其是当她在厨房做事的时候,她发现,即使在洗碗槽内清洗碗碟,也会有令人心情激荡的情景出现。她在书中写道:"当我洗碗的时候,我一面洗一面玩弄着白色绒毛似的肥皂水,我用手在里面搅动,然后用手捧起了一堆细小的肥皂泡泡,把它们拿得高高地对着光看,在那些小小的泡泡里面,我看到了鲜艳夺目好似彩虹般的光彩。"

当从洗碗槽上方的窗户向外看的时候,她还看到了一群灰黑色的麻雀,正在下着大雪的空中飞翔。她发现自己观赏肥皂泡泡与麻雀时的心情,是那么的愉快与忘我。

因此,她在书中的结语中写道:"我轻声地对自己说,亲爱的上帝,我们的天父,感谢你,非常非常感谢你!"

让我们来感谢上天的恩赐,因为它使你能够洗碗碟,使你得以看到泡泡中的小彩虹,以及在风雪中飞翔的麻雀。

你必须精力饱满，才能出手不凡

　　快乐的人也许不是最出色的，也不一定比其他人拥有更多的幸福，但他却是掌握人生真谛的人。

　　一位郁郁不得志的诗人在家门口的河边散步，望着平静的河水，他的心稍稍好过了一些。

　　夜幕降临后，河边的路灯亮起，朦胧中有一种别样的安宁。忽然，一阵悠扬的萨克斯声响起，是那首经典的《回家》。这旋律实在太美妙了，让人顿时静了下来，心里感到一阵愉悦。

　　诗人刚要驻足聆听，声音却戛然而止。

　　陌生的男子带着微笑走到诗人面前，手里拿着一把萨克斯。夜色朦胧，可那抹灿烂的笑容还是点亮了诗人眼前的世界。

　　诗人友好地打招呼："您好，能与您相逢，是我的荣幸。"

　　陌生男子问道："你我萍水相逢，何出此言？"

　　诗人说道："我在你的音乐里找到了我向往的人生，你的笑容也告诉我，你一定生活得很快乐，没有风霜的侵袭，没有忧愁的牵绊……"

　　"哈哈……你是作家吗？"诗人说话的方式让陌生男子感到有些不习惯。笑过之后，男子说道："你错了，老兄！今天上午我才和妻子离婚，就在刚刚，我又丢了钱包，里面有证件和钱，连公交卡也在其中，我正想着要怎么'回家'呢！"

　　诗人简直难以置信，瞪着眼睛问："那，你还有心情吹萨克斯？"

陌生男子摇摇头,说:"为什么不能吹呢?为什么不享受这点快乐呢?我已经失去了那么多,若再愁眉苦脸,岂不是一无所有了?"

说罢,男子潇洒地离去,剩下诗人独自在河边沉思。

散文大师张中行先生曾在《快乐》一文中说:"快不快乐,完全是由自己的想法决定的。"

人生有太多不确定因素,任何人都有可能被突如其来的变化扰乱心情。与其随波逐流,不如有意识地调整自己的心情。许多时候,不是周围的事物打扰了你的快乐,而是你在纷乱的事物中丢失了一份快乐的心。

其实,快乐就像一颗种子,你允许它在心里生根发芽,它就会变成蒲公英,洒满你的整座心房;快乐又像是天上的风筝,线在你手中,拉一拉它就会回来。只要学会去感受、去享受生活中每一处细微的美好,就可以活得轻松、洒脱。

2.你怎么知道你所忧虑的事真的会发生？

小镇上一家酒吧里，灯火通明，喧声四起，一群衣着光鲜的绅士正围坐在吧台边，一边喝着威士忌，一边谈论着生意上的事情。

"够了，够了，这样的日子简直像受刑，我受够了！"一个以制作各式各样成衣为生的商人抱怨道。不景气的经济、日渐低迷的生意，令他终日愁眉不展、郁郁寡欢，他的双眼布满血丝，经常失眠。

"怎么了，朋友？"众人问。

"真叫人痛苦不堪……"成衣商说道。

一位朋友看在眼里，不忍他这样被烦恼折磨，就安慰他说："别急，你的问题没什么大不了的，我给你想一个好办法，如果以后你还睡不着，不如静下心来，数一数绵羊，这样等你数累了，自然就可以休息了。"

"嗯，是个不错的办法，我回去就试一试！"成衣商道谢而去。

"老兄，你的办法一点也不灵验啊，你看看我现在，精神更加不好了，病情也似乎更加严重了！"3天后，成衣商在酒吧里遇到了给他提建议的朋友，并向他抱怨道。

第五章
精力好的人都快乐，但不是都完美

"不会吧？"朋友看着他更加红肿的双眼，十分疑惑，问道，"你是按照我的话去做的吗？"

"那还用问吗？老兄，我肯定是按照你说的话去做的呀，我数到了一万多头，都没睡着！"

"老兄，你没跟我开玩笑吧，居然数了那么多！你不可能，也不应该一点睡意都没有啊！"朋友吃惊地问。

"是的，刚开始的时候，我是有些困意，可我一想到一万多头绵羊，那将会有多少羊毛啊，如果不剪，那岂不可惜了？"

"那剪完不就可以睡了？"

"你哪里知道，这一万头羊的羊毛所制成的毛衣，要去哪儿找买主啊，一想到销路，我就更睡不着了。"

在一个村庄里，住着一个名叫鲍弟拉姆的财主。他家土地很多，父辈也留下了很多财产。可人们都叫他吝啬鬼，因为他遇到要紧的事，哪怕叫他花一个小钱，他都会十分不高兴。他日思夜想的是：怎样才能发大财，好让他曾孙的曾孙也能舒舒服服地享受。

一天，村里来了一位修道的圣人。没过几天，附近的村子都传开了：这位圣人能够满足每个人的任何一个愿望。

财主一听说这消息，心里乐开了花，他认为他一生中最大的愿望很快就要实现了。他立即来到圣人面前，把自己的愿望告诉圣人。圣人让他在自己身旁坐下，问了问他家中的情况。听他讲完，圣人心中就明白了。他觉得应该对这个财主进行教育，这样才会使他明白做人的真正意义。

圣人微笑着说："鲍弟拉姆先生，你的愿望一定能够实现，不过有一个条件。"

财主先是吓了一跳，马上想道：这位圣人莫非是想叫我施舍财物？

他壮了壮胆说："什么条件？请说吧，先生，我一定照办。"

圣人见财主这么说，就对他讲："你家旁边住着一户穷人家，家中只有母女两人，明天你给她们送一点粮食。"

一点粮食对财主鲍弟拉姆来说，不算什么难事，于是，他欢天喜地地回家去了。

第二天一早，他沐浴更衣，然后拿着粮食来到那户穷人家里。穷母女俩正在一边唱着小曲一边干活，谁也没有注意他进来。鲍弟拉姆说："请收下这点粮食吧，这样你们今天就有吃的了。"

母亲说："兄弟，今天我们有粮食吃，我们不要，请你拿回去吧。"

"哎，过了今天还有明天，留着明天吃吧。"

"明天的事我们不担心。兄弟，天无绝人之路，老天爷不会让我们饿死的！"母亲说完又埋头忙自己的。

听了这位母亲的话，鲍弟拉姆先是十分惊愕，接着他似乎从中明白了一点道理。他想：这户穷苦人家是多么快乐，她们不为明天担忧，可我却整天为自己曾孙的曾孙忧虑。

鲍弟拉姆没有回家，他从穷人家直接来到了圣人住的地方。向圣人行完礼后，他说："感谢您，大圣人！是您给了我快乐的钥匙。说真的，在这个世界上，总为明天担忧的人，是永远不会找到快乐的。"

没有人喜欢担心和忧虑，也没有人喜欢不安全感，因为这与人类本能的自我保护是相悖的。然而，忧虑就像天上滴下来的雨水，是你无法抗拒、无法阻止的，你唯一能做的，就是找一把伞把自己保护起来，不要让忧虑近身。

今天正是你昨天忧虑的明天，在忧虑时不妨问问你自己：我怎么知道我所忧虑的事真的会发生？

很多事情都是无解的，不能把自己的思维逼进一个死角。尤其是不能明知道是个死角，可还是不依不饶地要往里面撞，就像一只扑火的飞蛾，拼了命要在灯光那儿折腾，深受这个念头的纠缠，这只是在自我折磨。

上天赋予人类一定分量的欢喜与哀愁，倘若你不懂得用好心情来平衡坏情绪，用新快乐来抚平旧伤痛，那就大大辜负了人类左右情绪的天赋。

生活在这个纷繁复杂的世界里，有时也需要及时开导自己，消除不必要的烦恼，让自己在绝望中看到希望，在黑暗中看到曙光。

人的一生都不免遇到各种令人烦心的事，然而，不同的人在遇到相同的问题时，有着不同的态度和解决办法。面对困难，乐观的人往往一笑置之，并迅速去寻找解决办法；悲观的人，只会像热锅上的蚂蚁一样慌乱，不知所措。

聪明的人都知道，遇事沉着冷静更容易迅速解决问题，走向成功。假如能给生活中的各种忧虑划出一个"到此为止"的界限，你会发现，成功原来如此简单，生活原来如此快乐！

3.如果人人都理解你，那你也太普通了

当寻求理解成为一种需要时，你就会产生惰性。这是将自我价值置于别人的控制之下，由他人随意抬高或贬低，只有当他们决定施舍给你一定的理解之辞时，你才会感到高兴。

理解，固然是很美好的，谁不渴望理解呢？

然而，事实上，由于年龄、性格、职业、知识结构、品德修养、生活经历等因素的影响，人和人之间有时是很难互相理解的。

脆弱的人把许多精力放在"求理解"上，到处自我表白，

宣扬自己,把别人不理解自己当作最大的痛苦。

如果你过分希望得到理解、得到他人的赞成或默认,当未能如愿以偿时便会感到十分沮丧。

这正是自我挫败产生的原因之所在。

一只老猫见到一只小猫在追逐自己的尾巴,便问:"你为什么要追自己的尾巴呢?"

小猫答:"我听说,对于一只猫来说,最为美好的便是幸福,而这个幸福就是我的尾巴。所以,我正追逐它,一旦我捉住了我的尾巴,便将得到幸福。"

老猫说:"我的孩子,我也曾考虑过宇宙间的各种问题,我也曾认为幸福就是我们的尾巴。但是,我现在发现,每当我追逐自己的尾巴时,它总是一躲再躲;而着手做自己的事情时,它却总是形影不离地伴随着我。"

同样的道理,如果你希望得到理解,最为有效的办法恰恰是不去渴望、不去追求,不要求每个人都理解你。只要你相信自己,并且以积极的自我形象为指南,你便可以得到许许多多的理解。

对于夏天的虫子,无论你怎样与它谈论冬天的冰雪,它也不会明白。

你必须精力饱满，才能出手不凡

孔子的一个学生与一个人发生了争执，争论一年有几个季节。孔子的学生自然说是四季，而对方非咬住说三季，并且说谁错了谁就给对方磕头。这个时候，他们遇到了孔子，孔子说是三季，于是孔子的学生只好磕了三个头。回到家中，学生依然不解，问孔子为何是三季。

孔子答曰：是人都知道是四季，而它浑身绿色，其实是个蚱蜢。蚱蜢怎么会有冬季呢？它既活不过冬季，自然只有三季，你又何必跟它计较呢？

吃点亏又何妨？人生中会遇到很多"三季"人，何必总是要争得面红耳赤？

当我们总是责怪别人无法理解自己的时候，请静下心来，各人有各人的思维限制，思维不同，很难一致。有时候，我们都是彼此眼里的夏虫，又如何会有个对错？

一个人不可能事事都得到别人的理解和赞许，但是，如果你认识到自己的价值，在得不到理解和赞许时便不会感到沮丧。你会把反对意见视为一种自然现实，因为生活在这个世界上的每一个人都对世事有自己的看法。

很多时候，我们犯的错误都是缘于只从自己的角度思考问题。为了避免这样的错误，我们需要学会换位思考，并在此基础上调整行为方式。

换位思考就是完全转换到对方的角度思考，从而更理解人、宽容人,就是要求在观察处理问题、做思想工作的过程中,把自己摆在对方的角度,对事物进行再认识、再把握,以便得到更准确的判断,这样,说出的话也才能真正说到别人的心窝里。

《圣经》里有这样一个故事:一次,有些人要砸死一个行为不端的妇人。耶稣说:"可以,可是你们每个人都要扪心自问,谁没有犯过错误,那他就可以动手。"那些人都自觉问心有愧,最后谁也没有砸她。

为何那些人在耶稣的这个问题前变得不敢动手了呢?因为没有一个人有动手的资格——只要想到自己原来也有可能犯错,就能同情这位行为不端的妇人了。

即使是最没本事的人,在责备别人时往往也能够大发议论;即使是最聪明的人,在对待自己的缺陷时也常常犯糊涂。经常用指责别人的态度来要求自己,用宽恕自己的心思去对待别人,不管是事业还是生活,你都一定能有所收获。

4.记得随手关上身后的门

人生在世，不要为碰翻的牛奶哭泣，如果对过往的事情始终耿耿于怀，就必然会在烦躁的心态中错失更多当下的东西。只有学会保持心灵平静，改变可以改变的，接受无法改变的，才能享受生活的平凡和简单。

生活中有成功也有失败，有开心也有失落，如果我们把生活的起起落落、权利和欲望看得太重，生活对我们将永远是一种压力，心境也永远做不到坦然。

刚到秋天，寺庙院子里的草地枯黄了一大片，很是难看。

这时，一个小和尚看不下去了，就对师父说："师父，快撒一点种子吧！"

师父说："不着急，随时。"

种子到手了，小和尚就去种，不料一阵风吹过来，把撒下去的种子吹走了不少。小和尚着急地对师父说："师父，很多种子都被风吹走了！"

师父说："没关系，被风吹走的大多都是空的，撒下去也发不了芽，随性。"

种子种下后，有几只小鸟飞来在土里刨食，小和尚赶紧赶走小鸟,并向师父报告:"师父,种子被鸟吃了!"

师父说:"急什么,留在土里的还多着呢,随遇。"

第二天,下了一场大雨,小和尚哭泣着告诉师父:"师父,这下都完了,种子被雨水冲走了!"

师父回答:"冲走就冲走了吧,冲到哪里都是发芽,随缘。"

一个多星期过去了,昔日光秃秃的土地上长满了新芽,小和尚高兴地告诉师父:"师父,你快来看呐,都长出来了!"

师父依然平静如昔:"应该是这样吧,随喜。"

冰心曾言:"人到无求品自高。"崇高的境界和平静的心态都是"无求",就像这位老师父一样,用一个"随"字,概括了人生各种状态下的平常心,对所得所失、所喜所悲都完全看淡,就好似尘世荣华,了然于心。

人的一生是一个不断接受自己、不断与命运抗争的过程,也是一个不断拥有、不断失去的过程。如果不能保持"心灵平静",学不会淡泊名利,就会患得患失,在权利和欲望的得失之间痛苦前行。

人生有顺境也有逆境,真正的人生就是需要逆境的不断磨炼。

如果面对过往的一切,独自感叹后悔,只能说明我们的愚蠢和消极。

"二战"后,曾有过不少有关德日两个战败国修复战争创伤的描写，令人至今难忘的是两个细节：一是德国在徒有四壁的陋室中摆着插有一朵花的瓶子，一个是日本小学生坐在坍塌的教室旁晨读。这两个细节反映了两个民族的精神以及他们在失去面前达观向上的态度。这是不屈的民族生命力之所在，也是"二战"后德日两国迅速崛起并成为强国的精神动力。

拿破仑·希尔说："当我读历史和传记并观察一般人如何度过艰苦的处境时，我一直既觉得吃惊，又羡慕那些能够把他们的忧虑和不幸忘掉并继续过快乐生活的人。"原因何在呢？莎士比亚给出了答案。莎士比亚说："明智的人绝不会坐下来为失败而哀号，他们一定会乐观地寻找办法来加以挽救。"

生活中，我们必须面对现实，接受已经发生的任何一种情况，使自己适应，然后整个忘了它，继续向前走。

燕雀、荆棘和海鸥听说大海是个广阔的市场，去那里能挣到很多钱，于是它们决定一起去闯荡一番。

燕雀变卖了所有家当，又四处奔波，东挪西借，凑到了一笔本钱；荆棘想做服装生意，于是进了各式各样的衣服；海鸥想："海上食物很单调，我就贩卖罐头吧，不会变质，肯定受欢迎。"它们怀着各自美好的梦想上船了。

但是，它们的美好梦想很快就泡汤了，一场突如其来的暴风骤雨把它们的船打翻了，燕雀装本钱的箱子，还有荆棘和海鸥的货物全部沉到了海底。唯一幸运的是，它们三个都

第五章
精力好的人都快乐，但不是都完美

平平安安地回到了陆地上。

燕雀垂头丧气，担心遇到债主，白天躲藏起来，到了夜深人静的时候才谨慎地出来觅食；荆棘一直在想，说不定自己的衣服被海上的人捡到了穿在身上，于是派它的亲戚朋友站在路边，有人路过就拉住别人不放，看看究竟是不是自己的衣服；海鸥也心有不甘，整天在海上盘旋，琢磨着罐头可能会沉到什么地方，时不时潜下水去寻找。

它们一直都这样，以至于他们的后代还在不停地逃避和寻找失去的东西。

不必烦恼，是你的想跑也跑不了；不必苦恼，不是你的想得也得不到。我们不应该把宝贵的时间和精力花在不停地寻找已经失去的东西上。有失必有得，我们更应当注意到，在经历了人生的洗礼后，我们得到了什么。

英国前首相劳合·乔治有一个习惯：随手关上身后的门。

有一天，乔治和朋友在院子里散步，他们每经过一扇门，乔治总是随手把门关上。

"你有必要把这些门关上吗？"朋友很是纳闷。

"哦，当然有这个必要。"乔治微笑着对朋友说，"我这一生都在关我身后的门。你知道，这是必须做的事。当你关门时，也将过去的一切留在了后面，不管是美好的成就，还是让人懊恼的失误，然后，你才可以重新开始。"

记得随手关上身后的门，学会将过去的失误、错误通通忘记，不要沉湎于懊恼、后悔中，一直往前看。这时，你会发现，我们在每一天里都能获得重生，每一天都是我们新生命的开始。

5.每个人都是被造物主咬过一口的苹果

人生几乎没有完美的，因为完美是要付出代价的，而一旦有了代价就不再"完美"。但人们可以选择走出不完美的心境，而不是在不完美里哀叹。如果我们一味地追求所谓的完美，又怎么能够轻轻松松面对生活呢？

从前，有一位受人雇用挑水的农夫。他有两个水桶，分别吊在扁担的两头，其中一个桶有裂缝，另一个则完好无缺。在每趟长途挑运之后，完好无缺的桶总是能将满满一桶水从溪边送到主人家中，但有裂缝的桶到达主人家时，却只剩下半桶水。

第五章
精力好的人都快乐，但不是都完美

两年来，农夫就这样每天挑一桶半的水到主人家。当然，好桶对自己能够送满整桶水感到很自豪，而破桶则对自己的缺陷感到非常羞愧，它为只能负起责任的一半而难过。

终于有一天，饱尝了两年失败苦楚的破桶忍不住了，在小溪旁对农夫说："我很惭愧，我必须向你道歉。"

"为什么呢？"农夫问道，"你为什么觉得惭愧？"

"过去两年，因为水从我这边一路地漏掉了，我只能送半桶水到主人家。我的缺陷，使你做了全部的工作，却只收到一半的成果。"破桶说。

农夫平静地说："这一次，在我们回主人家的路上，我要你留意路旁盛开的花朵。"

走在回家的山坡上，破桶突然眼前一亮，它看到缤纷的花朵开满了路的一旁，沐浴在温暖的阳光下，这景象使它开心了很多。

但是，走到小路的尽头，它又难受了，因为一半水又在路上漏掉了，破桶再次向农夫道歉。

农夫温和地说："你有没有注意到小路两旁，只有你的那边有花，好桶的那边却没有开花！我明白你有缺陷，因此我善加利用，在你那边的路旁撒了花种。每次我从溪边回来，你就替我一路浇了花。两年来，这些美丽的花朵装饰了主人的餐桌。如果你不是这个样子，主人的桌上也没有这么好看的花朵了。"

　　正是因为那只破桶的不完美，成就了路边盛开的鲜花。

　　任何事物都不可能达到完美的境界，如果每一个细节都要追求完美，那很有可能失去大局。

　　很久以前，有一位喜欢完美主义的渔夫，他每次打鱼都追求完美，只想打大鱼，把打上来的小鱼都放了回去。

　　有一天，他从海里捞到了一颗晶莹剔透的大珍珠，爱不释手，但美中不足的是珍珠上有个小黑点，"美珠有瑕"。渔夫想，如能将小黑点去掉，珍珠将变成完美的无价之宝。于是他将这颗珍珠剥掉了一层，想要以此去掉黑点。可是剥掉了一层，黑点仍在；再剥掉一层，黑点还在。一层层地剥到最后，黑点是没有了，但珍珠也不复存在了。渔夫捧着满手的珍珠粉末痛哭流涕。

　　渔夫想得到的固然是美的极致，但是在他消除所谓的瑕疵的同时，美也消失在了他追求完美的过程中。有黑点的珍珠不过是白璧微瑕，正是其浑然天成、不着痕迹的可贵之处，如同"清水出芙蓉，天然去雕饰"，美得自然，美得朴实，美得真切。美真正的价值往往不在于它的完整，而在于那一点点残缺，就如同缺失双臂的维纳斯，它能给人以无限的遐思，美丽也就在这样一种遗憾和遐想中达到了极致。

　　要求自己时时保持完美其实是一种残酷的自我主义。真

第五章
精力好的人都快乐，但不是都完美

实的人生没有完美可言，刻意去追求完美会使人疲惫不堪。不管对于事情的结果如何在意，偶尔也该放过自己。而正是因为有了残缺，我们才有梦，才有希望。当我们为了梦想和希望努力奋斗的时候，可以说我们已经很完美了。

　　他叫夏查·范洛，是比利时一个普通的盲人。他一直不明白上帝为何要这样惩罚他，从小时候起，他就不得不努力倾听周围的一切声响，来辨别方位，躲避危险。

　　他讨厌过马路，因为常常会撞到别人身上，或被车撞倒，这令他总是伤痕累累。直到17岁那年，他撞在了一辆响着铃的自行车上。

　　骑自行车的女孩生气地冲戴着墨镜的他大声质问："你为什么要故意撞倒我，看不见吗？"他当时身上撞得也很痛，就激愤地说："是，我是个瞎子，怎么样？"

　　"铃按得那么响，不会用耳朵听吗？"女孩丢下这一句话，扶起自行车愤怒地离开了。

　　他愣在那里，回味着那句话，才突然想到了自己的耳朵。是啊，没有了眼睛，还有耳朵，这是上帝赐予他的和别人一样的礼物，却很特别，因为他的耳朵不仅是用来听的，还要代替他的眼睛"看"这个世界。

　　从此，范洛开始锻炼自己的听力。他不知吃过多少苦，流过多少汗，受过多少伤，但他一直没有放弃。十几年的艰苦练习，让他练就了天下无双的敏锐听力。后来，他进入了警队。

他凭借窃听器里传来的嘈杂的汽车引擎声，就能判断犯罪嫌疑人驾驶的是一辆标致、本田还是奔驰；当嫌疑人打电话时，他能根据不同号码的按键声音差异，分辨出嫌疑人拨打的电话号码；在监听嫌疑人打电话时，就可以推断出嫌疑人此时身处机场大厅，还是藏身于喧闹的餐馆，或是在呼啸的列车上。

由于听力超群，他可以辨别不同语言发音的细微差异，这让他成为一个优秀的语言学家和训练有素的翻译。他会说7种语言，可以说，他的脑子就像图书馆一样汇集了各种语言，正是这种语言能力使他成为警局中对抗恐怖主义和有组织犯罪的珍贵人才。

他从警的时间不长，但他利用听力的优势屡立奇功，获得过各种奖励和荣誉，成为比利时警界"失明的福尔摩斯"。

这位超级英雄手里握着的不是手枪，而是一根盲人手杖，他身边通常没有警车，而是跟着一只导盲犬。

范洛从不忌讳别人说他是个盲人，他常说："如果我能看到光明，我现在可能还是一个平庸的人。正因为我看不见，我才会专心努力地去听，结果我听到了别人无法听到的声音。"

有人说，上帝就像个精明的商人，从来不做亏本的买卖。他给你一分天才，就会搭配几倍于天才的苦难，这话说得一点都不假。

上帝发给每人一个"苹果",并在一些"苹果"上咬了一口,虽然苹果不完整了,但有的人还是把它当作上帝的恩赐。苦难和缺陷不也是上帝给我们的特别恩赐吗?它让我们细细品味,慢慢体会。

人的一生总会发生一些难以预料的事,面对生活的不完美和不如意,我们既不能放弃自己,也不能苛求自己。我们所能做的就是勇敢地接受自己不完美的现实,不抱怨,不懊恼,怀着一颗包容的心看待生活给我们的不如意。

6.以欢喜心看世界,以平常心过生活

在生活中随缘而安,纵然身处逆境,仍从容自若,以超然的心情看待苦乐年华,以平常的心情面对一切荣辱。平常心是一种人生的美丽,"非淡泊无以明志,非宁静无以致远"。不虚饰,不做作,襟怀豁然、洒脱适意的平常心态不仅给予你一双潇洒的洞穿世事的眼睛,同时也使你拥有一个坦然充实的人生。

你必须精力饱满，
才能出手不凡

　　从前有一位神射手，名叫后羿，他练就了一身百步穿杨的好本领，立射、跪射、骑射样样精通，而且箭箭都射中靶心，几乎从来没有失过手，人们争相传颂他高超的射技，对他非常敬佩。

　　夏王从臣子的嘴里听说了这位神射手的本领，也目睹过后羿的表演，十分欣赏他的功夫。有一天，夏王想把后羿召入宫来，单独给他一个人演习一番，好尽情领略他那炉火纯青的射技。

　　于是，夏王命人把后羿找来，带他到御花园里找了个开阔地带，叫人拿了一块一尺见方，靶心直径大约一寸的兽皮箭靶。夏王用手指着说："今天请先生来，是想请你展示一下精湛的本领，这个箭靶就是你的目标。为了使这次表演不至于因为没有竞争而沉闷乏味，我来给你定个赏罚规则：如果射中，我就赏赐你黄金万两；如果射不中，那就要削减你一千户的封地。现在请先生开始吧。"

　　后羿听了夏王的话，一言不发，面色变得凝重起来。他慢慢走到离箭靶一百步的地方，脚步显得相当沉重，然后取出一支箭搭上弓弦，摆好姿势拉开弓，开始瞄准。

　　想到自己这一箭出去可能发生的结果，一向镇定的后羿呼吸变得急促了起来，拉弓的手也微微发抖，瞄了几次都没有把箭射出去。过了一会儿，他终于下定决心松开了弦，箭应声而出，"啪"的一下钉在离靶心足有几寸远的地方，后羿的

第五章
精力好的人都快乐，但不是都完美

脸色一下子白了，他再次弯弓搭箭，精神却更加不集中了，射出的箭也偏得更加离谱。

后羿收拾弓箭，勉强赔笑向夏王告辞，悻悻地离开了王宫。夏王在失望的同时掩饰不住心头的疑惑，就问手下道："这个神箭手后羿平时射起箭来百发百中，为什么今天跟他定下了赏罚规则，他就大失水准了呢？"

手下解释说："后羿平日射箭，不过是一般练习，在一颗平常心之下，水平自然可以正常发挥。可今天他射出的成绩直接关系到他的切身利益，叫他怎能静下心来充分施展技术呢？看来，一个人只有真正把赏罚置之度外，才能成为当之无愧的神箭手啊！"

面对得失成败，不同人有不同的态度，但患得患失却是不少人的通病。面对得失，他们斤斤计较，瞻前顾后，犹豫不决，吃着碗里看着锅里，"得之若惊，失之若惊"。

一个和尚肩上挑着一根扁担信步而走，扁担上悬挂着一个盛满绿豆汤的壶。他不慎失足跌了一跤，壶掉落到地上摔得粉碎，这位和尚仍若无其事地继续往前走。

这时，有个人急忙跑过来说："你不知道壶已经破了吗？"

"我知道。"老和尚不慌不忙地回答道，"我听到它掉落了。"

133

"那你怎么不转身，看看该怎么办？"

"它已经破碎了，汤也流光了，你说我还能怎么办？"

在得失之间，一定要有和尚那样的心态：得则得之，失则失之。任何东西都是生不带来、死不带去的，何必让自己饱受心惊的煎熬呢？

清代有一位老童生，考了大半辈子也没有考上秀才，但他仍旧没放弃。这一次，他和儿子一起去参加了科举考试。也许是失望太多的缘故，放榜那天，老童生自己都不敢去看榜，只是让他儿子去看看。儿子看榜回来时，老童生正在洗澡。儿子兴高采烈地告诉他自己考中了，还把名次说了出来。看着儿子的样子，老童生脸一沉，训诫儿子，考取个秀才，有什么值得大惊小怪的！儿子赶紧收敛笑容，告诉老童生，说他也考中了。老童生闻言兴奋地从澡盆里跳了出来，没穿衣服就跑到院子里大喊："我考中了！我考中了！"

老童生很可笑，但想想吴敬梓笔下的范进，不也是一样吗？

有了成绩就欣喜若狂，甚或得意忘形；遇到挫折就垂头丧气，甚至一蹶不振。这样的人，最大的问题就是把自己看得太重了，如果根本感觉不到自己的存在，你还会有什么忧虑和困扰呢？

第五章
精力好的人都快乐，但不是都完美

宠辱不惊不是表面装装样子，而是一种实实在在的内心修养。日本的白隐禅师的故事，也许能给我们一点启发。

白隐禅师是位生活简单的修行者，很受乡里居民的喜欢，大家都认为他是个可敬的圣人。然而，一次突发的事件给他造成了不良影响。附近乡里有一家小店铺，店主夫妇有个漂亮的女儿。有一天，老店主发现女儿的肚子无缘无故大了起来。好端端的黄花闺女，做出了这样不可告人的事，这令她的父母非常愤怒。在父母的一再逼问下，女儿终于吞吞吐吐说出了"白隐"两字。大家尊敬的圣人竟然做出这样的事，店主夫妇怒不可遏地去找白隐讲理。然而，这位大师对这件事完全不加否认，只是若无其事地说："是这样的吗？"

孩子出生以后，就被送给了白隐。这时，这位受人尊敬的出家人已经名誉扫地，大家都觉得他是一个伪君子，欺骗了大伙。但白隐禅师不以为意，他非常细心地照顾孩子，向附近的乡民乞讨婴儿所需的奶水和其他用品。人们总是对他投以白眼，有时候还冷嘲热讽，不过总算是可怜孩子，多少会给点儿。白隐对这一切总是处之泰然，仿佛他是受托抚养别人的孩子一般。

一年以后，那位未婚生子的姑娘终于不忍心再欺瞒下去，老老实实地向父母吐露了真情：其实，孩子和白隐没有关系，孩子的生父是在鱼市工作的青年。老店主夫妇知道真相后，立即将她带到白隐那里，向他道歉，请他原谅，并将孩子带回家自己抚养。白隐仍然淡然如水，他没有诉说自己的委屈，也没有乘机教训这一家人，只是在交回孩子的时候，轻声说了一句："是这样的吗？"仿佛什么事也不曾发生过。

《菜根谭》里说"宠辱不惊，看庭前花开花落；去留无意，望天上云卷云舒"，这样的心境也正是人们在现代社会中面临事物的大迁大动时所追求的。

当然，宠辱不惊并不是要求我们什么事都不关心，而是要在"宠辱"面前放开自己，放下自己，去思考，去实践，想得更远，从而使人生的境界更高。

观世间万事，既得之，则安之；既失之，亦安之。不患不得，亦不患得而复失。这是一种自然、旷达、超然的人生智慧。

你以为精力是用来做大事的，却不知道天下大事必作于细

老子曾说："天下难事，必作于易；天下大事，必作于细。"这句话精辟地指出了要想成就一番事业，必须从简单的事情做起，从细微之处入手。

生活原本就是由细节构成的，如果你精力饱满，那么请将它投入到每一个决定成败的微若沙砾的细节上去。

1.小事都做不好，还有精力做大事？

那些真正伟大的人物从来都不蔑视日常生活中的各种小事情。即使常人认为很卑贱的事情，他们也会满腔热情地去干。

有一部名为《细节》的小说，其题记为："大事留给上帝去抓吧，我们只能注意细节。"作者还借小说主人公的话做了脚注："这世界上所有伟大的壮举都不如生活在一个真实的细节里来得有意义。"

认真观察你就会发现，那些成功者都是注意细节的人。任何人都不可否认的一个事实就是：最伟大的生命往往是由最细小的事物点点滴滴汇集而成的。绝大多数人很少能有机会遇到那种重大的转折，很少有机会能够开创宏伟的事业，而生活的溪流却恰恰是由这些琐屑的事情、无足轻重的事件以及那些过后不留一丝痕迹的细微经验渐渐汇集成的，也正是它们构成了生命的全部内涵。

那些看来微不足道的事情，其中都蕴藏着巨大的发现。而天才与凡人的最大区别往往体现在这些微不足道的小事上。

2001年5月20日，美国一位名叫乔治·赫伯特的推销员，成

你以为精力是用来做大事的，却不知道天下大事必作于细

功地把一把斧子推销给了小布什总统。布鲁金斯学会得知这一消息后，把刻有"最伟大的推销员"的一只金靴授予了他。上一次，他们颁出这一崇高荣誉还是在1975年，那一次，该学会的一名学员曾成功把一台微型录音机卖给了尼克松。

布鲁金斯学会创建于1927年，因为培养了众多优秀的推销员而闻名于世。它有一个传统，在每期学员毕业时，都会设计一道最能考验推销员能力的实习题让学员去完成。在克林顿当政期间，他们出了这么一道题：请把一条三角裤推销给现任总统。8年间，有无数学员为此绞尽脑汁，可最后都无功而返。克林顿卸任后，布鲁金斯学会把题目换成了"请把一把斧子推销给小布什总统"。

因为前8年的失败和教训，以及向总统推销商品的难度，许多学员都知难而退了。个别学员甚至认为，这道毕业实习题会和克林顿当政期间的那道题一样毫无结果，因为现任总统什么都不缺。再说，即使总统需要临时使用斧头，也不一定需要他亲自购买；再退一步说，即使他亲自购买，也不一定正是你推销的那一把。总而言之，一切看上去有那么多的不确定性。

然而，乔治·赫伯特却做到了，并且没有花多少功夫。一位记者问他是如何成功的，他这样说道："我认为，把一把斧子推销给布什总统是完全可能的。因为，布什总统在得克萨斯州有一个农场，我发现那里长着许多树。正是留心到了这

一细节，我才给他写了一封信，说：'有一次，我有幸参观了您的农场，发现那里长着许多矢菊树，有些已经死掉了，木质也变得松软。我想，您一定需要一把小斧头，但从您现在的体质来看，这种小斧头显然太轻，您需要一把不甚锋利的大斧头。现在，我这儿正好有一把这样的斧头，它是我祖父留给我的，很适合砍伐枯树。假若您有兴趣，请按这封信所留的信箱，给予回复……'果不其然，总统接受了我的推销，并在最后给我汇来了15美元。"

乔治·赫伯特成功后，布鲁金斯学会在对他进行表彰的时候不乏赞美之词："金靴奖已空置了26年，26年来，布鲁金斯学会培养了无数优秀的推销员，造就了上百位百万富翁，但这只金靴却没有颁给他们这些成功人士，因为我们一直想寻找这么一个人：他从不因有人说某一目标无法实现而有一丝放弃的念头，也不因某件事情难以办到而放弃寻找方法的努力。"

的确，把这样一把斧子推销给总统是有很大难度的，否则，也不会难倒布鲁金斯学会培养出来的这么多大牌推销员。但是，如果我们能够像乔治·赫伯特那样细心，有很多机遇都是可以发现并把握的。

在"世界上最伟大的推销员"乔·吉拉德看来："客户就在你的身边，对任何一位推销员来说，只要你能够真诚地为顾

第六章
你以为精力是用来做大事的，却不知道天下大事必作于细

客服务，留心每一个细节和问题，你就能把冰块卖给那些爱斯基摩人。"

处处留心细节，关注细节，会使我们在工作中事半功倍，尽快脱颖而出，成为一个真正卓越的人，成为一个真正能掌握自己、把握命运的人，从而成就自己的人生，开创自己的事业。

不论是生活中还是工作中，要想创造更大的价值，取得更大的成就，心思一定要缜密，从细节做起，从点滴做起，以认真负责的态度，细心地做好每一件小事，以认真负责的态度把握住每一个细节。

琴纳原来是英国的一位乡村医生，他长期生活在乡村，对民间疾苦有深切的了解。当时，英国的一些地方发生了天花病，夺走了成千上万儿童的生命，那会儿还没有治天花的特效药。琴纳亲眼看到许多活泼可爱的儿童染上天花，不治而亡，他心里十分痛苦。自己作为一名救死扶伤的医生，却只能眼睁睁看着这些染病的儿童死去，他深感内疚的同时，心里也萌生了要制服天花的强烈愿望，之后，他时刻留心寻找对付天花的办法。

有一次，琴纳到了一个奶牛场，发现一位曾经感染过牛痘的挤奶女工，之后从来没有得过天花，她护理天花病人也没有受到传染。琴纳像发现了新大陆一样，兴奋不已，他联想

141

到了一个问题，可能感染过牛痘的人，对天花具有免疫力。琴纳的思想并没有停留在此，他不禁连声问自己："为什么感染过牛痘的人就不会得天花？牛痘和天花之间究竟有什么关系？"他进一步大胆设想，"如果我用人工种牛痘的方法，能不能预防天花？"他隐约感觉到自己已经找到了解决问题的突破口。

沿着这条思路，琴纳开始了大胆的试验。他先在一些动物身上进行种牛痘的试验，效果十分理想，接下来就是在人身上证明牛痘有效了。1796年，他在自愿做试验的名叫菲普斯的少年身上接种了牛痘，大概一个多月后，他又将从天花病人脓包中取出的液体滴在少年的伤口上，事实证明，牛痘确实对天花免疫，少年安然无恙。

从此以后，接种牛痘防治天花之风从英国迅速传播到世界各地，肆虐的天花遇到了克星，直到1966年，天花病再没有在地球上大规模流行。

琴纳——这位普通平凡的乡村医生的发明拯救了千千万万人的生命，18世纪末，在法国巴黎，无限感激他的人们为他立了塑像，上面雕刻着人们发自内心的颂词："向母亲、孩子、人民的恩人致敬！"

一切都发源于一些毫不起眼的细节，但最终却带来了巨大的改变和成功。因此，我们要说："处处留心，皆可成功。"

事情有大有小,能力有强有弱,做事的结果也会有好有差,但只要用心,一心一意、踏踏实实做事,就一定能把正在做的事情做好,做出成效。成功与不成功,关键在于怎么做事,认真做好每一件小事情,才能认真做好每一件大事,事业才能真正成功。

2.与其浑浑噩噩浪费精力,不如投入在每一件小事中

与其浑浑噩噩浪费时间和精力,不如从我们经手的每一件琐事、每一件小事中得到成长,由简入繁,积少成多,最终将迎来人生的春天。

急于求成只会导致最终的失败,因此,不妨将目光放得长远一些,平日里注重自身的积累,厚积而薄发,自然会水到渠成,实现自己的目标。

在哲学的范畴里,我们知道只有量变才能引起质变。而对于成功的人生来说,只有不断夯实自己的每一步,才能不断地接近自己的梦想。

你必须精力饱满，才能出手不凡

心浮气躁是一个人成功路上的绊脚石，一定要剔除。在追求成功的过程中，容不得半点浮躁的心态，因为成功不能一蹴而就，而是饱含着进取者的汗水和心血。只有苦尽方能甘来。所以，当我们心浮气躁、心烦意乱的时候，更要坚持一步一个脚印。

不管你是个什么角色，生活中总是充斥着各种各样的大事小事，那些能够从容处理的人，一定是从细节入手的。许多复杂的事都是由一个个小细节组成的，没有任何一件事情小到可以被抛弃。若是小事被忽略，那再大的事也不过是空中楼阁，没有了细节，再复杂的工作也只能是纸上谈兵。

汤姆·布兰德是美国福特汽车公司的总领班。总领班要负责各个车间的生产管理，并且要直接向公司领导反映生产过程中出现的各种情况，这个岗位可以说是非常重要的。但很多人不知道，汤姆·布兰德在进入公司的初期只是杂工，他能做到总领班，就是因为他在做好每一件小事中获得了成长。那一年他才32岁，是这个有着"汽车王国"之称的福特公司里最年轻的总领班，这确实是一件很不容易的事。

汤姆在20岁的时候进入工厂，他没有一味蛮干、傻干，而是通过自己的观察，对汽车制造有了一个整体的认识。他了解到一辆汽车由制作零件到装配出厂，大概要经过多少道工序，要经过哪几个部门，这些部门各自的工作是什么，它们之

你以为精力是用来做大事的，却不知道天下大事必作于细

间是如何协调工作的。最后，他得出一个结论：如果自己要在汽车制造业做出一番事业，就必须对汽车的全部制造过程都能有深刻的了解。因此，他主动要求从最基层的杂工做起。

当时的杂工不是正式工人，没有固定的工作场所，经常是哪里有零活就要到哪里去。正是因为有了这份工作，汤姆才有机会和工厂的各部门接触。汤姆做杂工做了一年半之后，申请调到汽车椅垫部工作。当他学会了制作椅垫的手艺，又申请调到点焊部、车身部、喷漆部、底盘部等部门去工作。就这样，在不到5年的时间里，他几乎在工厂的各个部门都转了个遍。

汤姆的父亲看到儿子不断地调换工作部门，十分不解，他问汤姆："你工作已经好几年了，可这几年你总是做些焊接零件、给零件刷漆的小事，你就不怕耽误前途？"

汤姆很理解父亲的心情，他笑着说："爸爸，你不明白，我要做的不是一个部门的工头，我希望成为整个工厂的领导者，要做到这一点，就必须花点时间了解整个工作流程，这样才能从整体和局部两个方面做好管理工作。我现在正在做的正是最有价值的事情，我要学的不仅仅是一个汽车椅垫是如何生产加工的，或者是油漆是怎么刷上去的，我要学的是整辆汽车是如何制造的。"

汤姆经过坚持不懈的学习、工作，经过一个又一个部门的实践，学会了一门又一门手艺。当他确信自己已经具备管

你必须精力饱满，
才能出手不凡

理能力时，他决定在装配线上施展拳脚。由于汤姆在其他部门干过，懂得零件的加工工艺和质量检验方法，这为他的装配工作提供了不少便利，使他学习得更快，进步得更快。没过多久，他就成了装配线上最出色的员工并因此晋升为领班。

汤姆·布兰德的成功实际上就是将每一件小事做好，然后积少成多，由量而质地发生飞跃，在岗位上做出了自己的成绩。汤姆做杂工干的是小事，而他却从中获得了对各部门的工作性质和工作环境的认识，为实现最终的职业目标打下了坚实的基础。

卡耐基曾经说过：对于年轻人来说，想得远不是错误，但前提必须是在踏实做事的基础上。

人们常说，对目标的执着追求可以去高就，但是做事时的心态一定要低就。人只有经历了挫折、拒绝、打击、折磨和否定，才能让自己的内心变得更加强大。所以，我们要把心态放平，即使面对无奈的现实，也要做到内心强大。

简单来说，把心态放平，就是做人要有理想，但不要过于理想化；把心态放平，就是要先调整自己的心情，再解决事情；把心态放平，关键就是要有勇气做你自己。

俗话说：一口吃不成个胖子。凡是那些令人瞩目的成就，没有哪个是一夜之间取得的；成功者若没有经过长时间的积累，是不可能获得"登天"的成绩的。

第六章
你以为精力是用来做大事的,却不知道天下大事必作于细

有一年夏天,一位小伙子登门拜访年事已高的爱默生。他自称是一个诗歌爱好者,从小就开始诗歌创作,但由于地处偏僻,一直没有名师指点,所以才千里迢迢前来寻求爱默生的指导。

青年诗人虽然出身贫寒,但谈吐优雅,气度不凡,老少两位诗人谈得非常融洽,爱默生对他非常欣赏。

临走时,青年诗人留下了薄薄的几页诗稿。

爱默生读了这几页诗稿后,认定这位乡下小伙子在文学上将会前途无量,决定凭借自己在文学界的影响大力提携他。

爱默生将那些诗稿推荐给文学刊物发表,但反响不大。他希望青年诗人继续将自己的作品寄给他,于是,老少两位诗人开始了频繁的书信来往。

青年诗人的信长达几页,大谈特谈文学问题,激情洋溢,才思敏捷,表明他的确是个天才诗人。爱默生对他的才华大为赞赏,在与友人的交谈中经常提起这位诗人,青年诗人很快就在文坛有了一点小小的名气。

但是,这位青年诗人之后再也没有给爱默生寄过诗稿,信却越写越长,奇思异想层出不穷,言语中开始以著名诗人自居,语气越来越傲慢。

爱默生开始感到不安,凭着对人性的深刻洞察,他发现这位年轻人身上出现了一种危险的倾向。

通信一直在继续,爱默生的态度却逐渐变得冷淡,成了

一个倾听者。

很快，秋天到了。

爱默生去信邀请青年诗人前来参加一个文学聚会，对方如期而至。

在这位老作家的书房里，两人有一番对话：

"后来为什么不给我寄稿子了？"

"我在写一部长篇史诗。"

"你的抒情诗写得很出色，为什么要中断呢？"

"要成为一个大诗人，就必须写长篇史诗，小打小闹是毫无意义的。"

"你认为你以前的那些作品都是小打小闹吗？"

"是的，我是个大诗人，我必须写大作品。"

"也许你是对的，你是个很有才华的人，我希望能尽早读到你的大作品。"

"谢谢，我已经完成了一部，很快就会公之于世。"

文学聚会上，这位被爱默生欣赏的青年诗人大出风头，他逢人便谈他的伟大作品，表现得才华横溢，锋芒咄咄逼人。虽然谁也没有拜读过他的大作，即便是他那几首由爱默生推荐发表的小诗也很少有人拜读过，但几乎每个人都认为这个年轻人必将成大器，否则，大作家爱默生怎么会如此欣赏他呢？

转眼间，冬天到了。

第六章
你以为精力是用来做大事的,却不知道天下大事必作于细

青年诗人继续给爱默生写信,但从不提他的大作。信越写越短,语气也越来越沮丧,直到有一天,他终于在信中承认,长时间以来他什么都没写,以前所谓的大作品根本就是子虚乌有之事,完全是他的空想。

他在信中写道:"很久以来,我就渴望成为一个大作家,周围所有的人都认为我是个有才华有前途的人,我自己也这么认为。我曾经写过一些诗,并有幸获得了阁下您的赞赏,我深感荣幸。

"使我深感苦恼的是,自此以后,我再也写不出任何东西了。不知为什么,每当面对稿纸时,我的脑中便一片空白。我认为自己是个大诗人,必须写出大作品。在想象中,我感觉自己和历史上的大诗人是并驾齐驱的,包括和尊贵的阁下您。

"在现实中,我对自己深感鄙弃,因为我浪费了自己的才华;而在想象中,我是个大诗人,我已经写出了传世之作,登上了诗歌的王位。

"尊贵的阁下,请您原谅我这个狂妄无知的乡下小子……"

从此以后,爱默生再也没有收到过这位青年诗人的来信。

人生从来没有一蹴而就的成功,不轻视自己所做的每一件事,坚持不懈地努力,这就是厚积薄发的妙处。唯有厚积,拥有一颗不断进取的心,不断地积累,才能使自己更强大;也唯有薄发,最后的能量才会闪耀出惊人的光彩。

3.你若认真，全世界都会为你让路

　　什么是不简单？能够把每一件简单的事情千百遍都做对，就是不简单。什么叫不容易？能够把大家公认是非常容易的事情高标准地认真做好，就是不容易。

　　一个人成功与否在于他能不能做什么事都力求做到最好。成功者无论从事什么工作，都绝对不会草率行事，而是以超高的标准要求自己。能够做到最好，就必须做到最好，能够完成100%，就绝不只做到99%。

　　美国总统威廉·麦金莱曾说过："比其他事情更重要的是，你们需要尽职尽责地把一件事情做得尽可能完美。与其他有能力做这件事的人相比，如果你总是能做得更好，那么你就永远不会失业。"

　　其实，往往越简单的事越不好做。因为越简单的事越不容易出彩，想要不同凡响，更是不易。

　　我们总是想做大事，却不屑于做对简单的事，结果经常会停滞在离成功很远的地方，或者是还有一点点距离的地方。海尔总裁张瑞敏说："把每一件简单的事做好就是不简单，把每一件平凡的事做好就是不平凡。"天下大事，必作于细，把简单的事持续做对，才能不断地成长，不断地实现自己

你以为精力是用来做大事的,却不知道天下大事必作于细

的目标。

"千里之行,始于足下",任何成功都是从每一步积累起来的。只有甘于从平凡小事做起,一步一个脚印,踏踏实实、兢兢业业工作的人才能够层层攀升,不断地实现自己的人生目标。只有善于做小事的人才能做成大事。

职业演说大师马克·桑布恩在其著作《邮差弗雷德》中讲述了自己第一次遇见弗雷德的故事。

事情发生在马克·桑布恩买下自己平生第一所房子之后。

"上午好,桑布恩先生!"弗雷德说话非常真诚热情,"我的名字叫弗雷德,是这里的邮递员。我顺道来看看,向您表示欢迎,也介绍一下我自己,同时也希望能对您有所了解,比如您所从事的行业。"

马克·桑布恩收到过很多邮件,但还从没有见过这样热情的邮递员。他心中感到非常温暖,对弗雷德说:"我是个职业演说家。"

"如果您是位职业演说家,那肯定要经常出差旅行了?"弗雷德问。

"是的,确实如此,我一年总要有160到200天出门在外。"

弗雷德说:"既然如此,如果可以的话您能给我一份您的日程表吗?您不在家的时候我可以暂时代为保管您的信件,打包放好,等您在家的时候再送过来。"

桑布恩觉得没必要这么麻烦："把信放进房前的信筒里就好了，我回家的时候再取也一样。"

弗雷德解释说："桑布恩先生，窃贼经常会窥探住户的邮箱，如果发现是满的，就表明主人不在家，那您就可能要深受其害了。"

桑布恩被弗雷德的责任心深深震撼了。

弗雷德继续说道："我看不如这样，只要邮箱的盖子还能盖上，我就把信放到里面，别人就不会看出您不在家；塞不进邮箱的邮件，我搁在房门和屏栅门之间，从外面看不见；如果那里也放满了，我就把其他信留着，等您回来。"

此时，桑布恩不禁暗自琢磨："这人真的是美国邮政的雇员吗？或许这个小区提供特别的邮政服务？不管怎样，弗雷德的建议听起来真是完美无缺，我没有理由不同意。"

一段时间之后，桑布恩出差回来，刚把钥匙插进锁眼，突然发现门口的擦鞋垫不见了。他想不通，难道在丹佛连擦鞋垫都有人偷？不太可能。转头一看，擦鞋垫跑到门廊的角落里了，下面还遮着什么东西。

事情是这样的：在桑布恩出差的时候，快递公司误投了他的一个包裹，放到了另一家门廊上。幸运的是，弗雷德看到桑布恩的包裹被送错了地方，就把它捡起来送到了桑布恩的住处藏好，上面还留了张纸条解释事情的来龙去脉，又费心地用擦鞋垫把它遮住，以避人耳目。

你以为精力是用来做大事的,却不知道天下大事必作于细

接下来的十多年中,桑布恩一直受惠于弗雷德的杰出服务。一旦信箱里的邮件塞得乱糟糟的,那一定是弗雷德没有上班。

我们都知道蒸汽机的原理:当水温达到99℃时,还并不是开水,只有再添一把火,让水温再升高1℃才会使水沸腾,这时,产生的大量蒸汽推动机器,从而产生巨大的动力和经济价值。在生活中,有很多事情就和蒸汽机的原理一样,往往因为"差一点儿"而导致整个事情未能成功。所以,我们做任何事情都要做到尽善尽美,要像邮差弗雷德一样尽职尽责。

每个人的工作都是从小而简单的事做起的,而这些小事就好比砖,我们的事业之路就是靠这些砖一块一块铺就的。

我们时常对目前的工作不满意,找出一大堆理由,诸如工作内容太简单、不受领导重视等,但很少会从自身找原因。其实我们可以问一问:自己是否尽心尽力,有没有把这份"简单"的工作做好,有没有把当前工作做到最基本的要求和水准。

许多年前,一个妙龄少女来到东京帝国酒店当服务员。这是她踏入社会的第一份工作,因此她很激动,暗下决心:一定要好好干!但她完全没想到,她的第一份工作居然是洗

你必须精力饱满，才能出手不凡

厕所！

说实话，这种工作没人爱干。洗厕所时，视觉上、嗅觉上以及体力上都会使她难以承受，心理暗示的作用更是使她忍受不了。当她用自己白皙细嫩的手拿着抹布伸向马桶时，胃里立马"造反"，翻江倒海，恶心得几乎呕吐却又吐不出来，这实在太难受了。而上司对工作质量的要求又特别高，她必须把马桶洗得光洁如新！

她当然明白"光洁如新"的含义是什么，更知道自己不适应洗厕所这一工作，难以实现"光洁如新"这一高标准的质量要求。因此，她陷入了困惑、苦恼中，也哭过鼻子。这时，她面临着人生第一步怎样走下去的抉择：是继续干下去，还是另谋职业？继续干下去——太难了！另谋职业——知难而退？人生之路岂有退堂鼓可打？她不甘心这样败下阵来，因为她想起了自己初来时曾下的决心：人生第一步一定要走好，马虎不得。

正在此关键时刻，同单位一位前辈及时出现在了她的面前，帮她摆脱了困惑、苦恼，更重要的是帮她认清了人生路应该如何走。他没有用空洞的理论去说教，只是亲自做了个样子给她看了一遍。

首先，他一遍遍地擦洗着马桶，直到洗得光洁如新；然后，他从马桶里盛了一杯水，一饮而尽，竟然毫不勉强！实际行动胜过万语千言，他不用一言一语就告诉了少女一个极为朴素简单的真理：光洁如新，要点在于"新"，新则不脏，所以马桶里的水是可以喝的；反过来讲，只有马桶中的水达到可以喝的洁净程度，才算是把马桶擦洗得"光洁如新"。

之后，前辈还送给了她一个含蓄的、富有深意的微笑，送给了她一束关注、鼓励的目光。这已经够用了，因为她早已激动得不能自持，从身体到灵魂都在震颤。她先是目瞪口呆，继而恍然大悟，热泪盈眶！她痛下决心："就算一生洗厕所，也要做一名洗厕所最出色的人！"

从此，她重新振奋了起来，而她的工作质量也达到了那位前辈的高水平，当然，她也多次喝过马桶里的水，为了检验自己的自信心，检验自己的工作质量，也为了强化自己的敬业心。她漂亮地迈好了人生的第一步，开始了她不断走向成功的人生历程。

几十年光阴一瞬而过，后来的她成为日本政府的重要官员——邮政大臣。她的名字叫野田圣子。

无论从事什么行业，做什么工作，做好工作的前提和保障就是需要拥有一个敬业的态度，即用一种恭敬严肃的态度对待自己的工作，一心一意，认真负责，任劳任怨，精益求精。

4.多做一盎司，你将会有数倍于一盎司的回报

著名投资专家约翰·坦普尔顿通过大量的观察研究，得出了一条很重要的原理："多一盎司定律"。他指出，取得突出成就的人与取得中等成就的人几乎做了同样多的工作，他们所做出的努力差别很小——"多一盎司"，但所取得的成就及成就的实质方面，却经常有天壤之别。

在日常工作中，有很多工作环节都需要我们增加那"一盎司"。大到对工作、公司的态度，小到你正在完成的工作，甚至是接听一个电话、整理一份报表，只要能"多加一盎司"，把它们做得更完美，你将会有数倍于一盎司的回报，这是毋庸置疑的。

一个名叫布莱尔的美国大学生毕业了，他如愿以偿地进入了全美国最大的现金出纳机公司工作。但是，进入公司后，他却被安排做该公司的电话远端支持服务，具体的工作内容就是通过电话给予那些购买了该公司的出纳机的顾客以有效的帮助，回答他们对于产品的疑问，帮助他们解决在实际使用过程中所遇到的困难，也就是电话排障员，这可以算作公司中最不起眼的工作了。

第六章
你以为精力是用来做大事的,却不知道天下大事必作于细

一个刚毕业的大学生,正充满激情,干劲十足,却做着一个在很多人看来都没有意义,且无聊乏味的工作,要想保持充分的激情和认真负责的态度是很困难的。然而,几个月过去了,布莱尔始终认真、一丝不苟而又充满热情地做着这份工作。

其实电话排障员现场接触机器的机会是比较少的,但如果想成为一名合格、优秀的排障员,却并不是想象中的那么简单轻松。一名合格的、优秀的电话排障员必须对自己公司的仪器有相当深入、具体、全面而又详细的了解,但是电话排障员每天大多数的工作时间都是坐在座位上等待电话,似乎非常无聊乏味。正是存在这样的矛盾,因此,绝大多数人对于仪器的处理都只停留在学校所学的基础理论知识以及公司所发的故障排除手册上,而对于实际中存在的千奇百怪的问题无法完全解决,这样就会导致用户的不信任。

虽然公司的很多员工都意识到了这个问题的存在和弊端,却没有人采取实际行动。大家几乎都认为,以电话排障员那最底层的职位和微薄的薪水,能认真遵照公司发放的手册工作就已经不错了,至于能不能让客户百分百满意,那是他们能力和权力范围外的事。

但是,布莱尔发现这个问题后却开始行动了,他下定决心,努力寻求解决那些问题的方法。他找来了很多相关的

书籍和资料，每天下班后都抽出一段时间细细研读，总结在每一个细节中可能会出现的问题。这样一来，经过一段时间的不断积累，凡是公司产品可能出现的问题他都弄得清清楚楚。

短短的几个月时间，他就对现金出纳机有了极为详细而全面的了解。但他并没有因为自己的进步而停下向前努力的步伐，而是更加严格要求自己不断学习新的知识。就这样，时间长了，用户都愿意打电话找他，因为在布莱尔那里，他们的困难总是能够得到快速而又实际有效的解决。

没多久，布莱尔就在用户中出了名，很多打进电话的客户都点名要求总机把电话转给他们信任的布莱尔，布莱尔的分机成了最忙的一个，而其他排障员一天也接不到几个求助电话。

很快，这个现象被公司的总经理发现了，于是，他抽出时间以一个客户的身份向布莱尔咨询了某些问题。当然，总经理所咨询的问题都是相当有难度的，这样做的目的就是为了考察布莱尔是否真的如客户反映的那样具有很强的工作能力。

结果让总经理很满意，对他提出的那些问题，布莱尔都解答得非常漂亮。在感叹一个小小的电话排障员竟然拥有如此全面而深入的技术知识之余，总经理还发现了一个问题：布莱尔对待客户的服务态度也非常好，不管客户在那边如何烦躁、生气，布莱尔总是能以非常友好的态度来对待，整个工作状态给人一种振奋人心的激情和轻松愉快的感觉，总经理对他非常满意。

在年底的时候，技术部经理的职位出现了空缺，总经理找到了布莱尔，问他是否愿意调换到技术开发部工作，布莱尔表示非常乐意。几天以后，布莱尔便在自己的电话桌上看见了调换工作部门的通知书。

布莱尔通过观察工作中的每一个细节，并对这些细节中存在的问题加以有效的研究和改正，从众多同事中脱颖而出，成了公司的骨干成员，实现了自己人生的重大跨越。

"多一盎司"定律可以运用到人类努力的每一个领域中。多做一点是一个良好的习惯，你没有义务做自己职责范围以外的事，但你可以选择自愿去做，来驱策自己快速前进。率先主动是一种极其珍贵、备受看重的素养，它能使人变得更加敏捷，更加积极。

有两个年轻人，一个叫约翰，一个叫哈里，两人同时进入一家蔬菜贸易公司工作。

3个月后，哈里很不高兴地走进总经理办公室，向总经理抱怨说："我和约翰同时来到公司，现在约翰的薪水已经增加了一倍，职位也上升到了部门主管。而我每天勤勤恳恳地工作，从来没有迟到早退过，对上司交代的任务总是按时按量地完成，从来没有拖沓过，可为什么我的薪水一点也没有增加，依然是公司的普通职员呢？"

总经理没有马上回答哈里的问题，而是意味深长地对他说："这样吧，公司现在打算预订一批土豆，你先去看一下哪里有卖的，回来我再回答你的问题。"

于是，哈里走出总经理办公室，找卖土豆的蔬菜市场去了。半个小时后，哈里急匆匆地来到总经理办公室，汇报说："20千米外的'集农蔬菜批发中心'有土豆卖。"

总经理听后问道："一共有几家卖的？"

哈里挠了挠头说："我刚才只看到有卖的，没看到有几家，您稍等一会儿，我再去看一下！"说完就又急匆匆地跑了出去。20分钟后，哈里喘着粗气再次跑到总经理办公室汇报："报告总经理，一共有三家卖土豆的。"

总经理又问他："土豆的价格是多少？三家的价格都一样吗？"

哈里愣了一下，又挠了挠头说："总经理，您再等一会儿，我再去问一下。"说完，哈里就要向外跑。

这时，总经理叫住了他："你不用再去了，你去帮我把约翰叫来吧。"

3分钟后，哈里和约翰一起来到总经理办公室。总经理先对哈里说："你先在这里休息一下吧！"然后又对约翰说，"公司打算预订一批土豆,你去看一下哪里有卖的。"

40分钟后,约翰回来了,向总经理汇报:"20千米外的'集农蔬菜批发中心'有三家卖土豆的,其中两家都是0.9美元一斤,只有一家老头卖的是0.8美元一斤。我看了一下他们的土豆,发现老头家的最便宜,而且质量也最好,因为他是自家农园里种植的。如果我们需要很多的话,价格还可以更优惠一些,并且他们家有货车,可以免费送货上门。我已经把那老头带来了,就在公司大门外等着,要不要让他进来具体洽谈一下?"

总经理说道:"不用了,你让他先回去吧!"

于是,约翰就出去了。

这时,总经理看着在办公室里目瞪口呆的哈里,问道:"你都看到了吧!如果你是总经理,你会给谁加薪晋职呢?"

哈里惭愧地低下了头。

"多加一盎司"其实并不难,我们已经付出了99%的努力,已经完成了绝大部分工作,再多增加"一盎司"又有什么困难呢?但是,我们往往缺少"多加一盎司"所需要的那一点点责任、一点点决心、一点点敬业的态度和自动自发的精神。

5.勿以善小而不为，勿以恶小而为之

小小的善举，举手之劳，并不需要我们付出很多，却能换来谅解、和睦、友谊，为社会做点事，为他人做点事，为自己做点事，美好的生活在大家的点点滴滴中创造，在持之以恒中延伸。

在暴风雨后的一个早晨，沙滩的浅水洼里有许多被暴风雨卷上岸的小鱼，它们被困在浅水洼里，回不了大海。用不了多久，浅水洼里的水就会被沙粒吸干，被太阳蒸干，这些小鱼都会被干死。

有一个小男孩走得很慢很慢，并不停地在每一个水洼旁弯下腰去——他捡起水洼里的一条条小鱼，并且用力把它们扔进大海。太阳炙烤着沙滩，小男孩的汗水不停地流着，尽管腰酸，胳膊也痛，但他还是在不停地扔着小鱼。

有人忍不住走过去："孩子，这水洼里有这么多条小鱼，你救不过来的。"

"我知道。"小男孩头也不抬地回答。

"那你为什么还在扔？谁在乎呢？"

"这条小鱼在乎！"男孩儿一边回答，一边继续拾起一条小鱼扔进大海,"这条在乎,这条也在乎！还有这一条、这一条、这一条……"

在小男孩的心中,每条小鱼都是独立、完整的生命,都有获得同情、关爱和呵护的需要。尽管那么多小鱼他救不过来,可对于被救的小鱼来说,它的新生不就意味着重新获得了整个世界吗？有什么理由不倾情相救呢？

"勿以善小而不为,勿以恶小而为之。"刘备临终前对儿子刘禅如是说,意思是让刘禅不要轻视小事,"小"中有大。"小"水滴不断滴下,力可透石;"小"火星足以燎原;"小小"的一句话,足以影响一国之兴衰;"小"不忍,则足以乱大谋;一丝"小小"的微笑,给人无限信心……每日一件"小小"的善行,足以广结善缘,勿以善小而不为,"善小"不是"不足道"的,"善小"也含有"大义"。

一个微笑便可以驱散寒意,一声问候便可以拉近距离,同样,一件好事便可以看出一个人高尚的品格、纯洁的心灵。小事为大事的基础,大事由小事而累积。轻视一滴水的存在,又怎么会有浩瀚的海洋？轻视一棵树的存在,又怎么会有茂密丛生的森林？轻视一土 石的存在,又怎么会有层叠万丈的山峦？轻视一件件平凡的好的小事,又怎么会做出伟大的事？

千百年来,古人有许多强调"做小事"重要性的名言警句，"不积小流无以成江海""不积跬步无以至千里""集腋成裘""聚沙成塔""积善成德"等，无一不在说明着积少成多的道理。所以，请不要忽略点滴的力量，我们要从小事做起，从点滴做起。

一个人做一件好事不难，难的是持之以恒。一次关灯，一句善语，一次问候，一个微笑，都是对公共利益的贡献。

"相逢何必曾相识"，人与人之间的关爱不只存在于亲朋好友间，我们应该充满热情地帮助任何一个需要我们的人。爱心，无须用多么高深的语言来阐明，也不必做出一番惊天动地事情来，完全可以从点滴小事做起。

2007年2月16日，在得克萨斯州的一所庄园里，刚刚卸任的联合国秘书长安南举行了一场慈善晚宴，应邀参加晚宴的都是富商和社会名流。当一个叫露西的小女孩捧着她的全部积蓄来到庄园，要求参加这场慈善晚宴的时候，遭到了保安的阻拦。

"叔叔，慈善的不仅是钱，还是心，对吗？"小露西问道。她的话让保安愣住了。"我知道受邀请的人有很多钱，他们会拿出很多钱。我虽然没有那么多，但这是我所有的钱。如果我不能进去，请把这个带进去吧。"小女孩把手中存有所有积蓄的瓷罐递给了保安。

保安犹豫了，他不知道接还是不接。小女孩的话打动了

你以为精力是用来做大事的,却不知道天下大事必作于细

前来参加晚宴的巴菲特先生,他带小露西进了庄园。当天慈善晚宴的主角不是慈善晚宴的倡议者安南,也不是捐出300万美元的巴菲特,而是仅仅捐出了30美元25美分的小露西。她赢得了人们真心的赞美和热烈的掌声,而晚宴的主题标语也变成了这样一句话:"慈善的不是钱,是心。"

小露西的内心多么善良、纯真!爱心是不能用钱多钱少来衡量的,30美元25美分相对300万美元来说不值一提,然而,这却是一位善良小女孩的全部。她奉献出了自己所有的爱心,毫无保留!

对许多人来讲,这些都是一些举手之劳的小事,却能使他人感受到这个社会的温情。爱心是冬日里的一缕阳光,使饥寒交迫的人感受到生活的温暖;爱心是黑夜中飘荡在夜空中的一首歌谣,使孤苦无依的人感到心灵的慰藉;爱心是洒落在久旱土地上的一场甘霖,使心灵枯萎的人受到情感的滋润。

一个老妇人刚走出家门就遇到了倾盆大雨,行人们纷纷进入就近的店铺躲雨,她也蹒跚地走进了一家百货商店。因为被雨淋湿了衣服,她看上去略显狼狈,再加上简朴的装束,所有的售货员都认为这位老妇人要不是避雨,恐怕是不会到这家商店来消费的,因此都对她漠不关心,视

而不见。

就在这个时候，一个年轻人走过来诚恳地对她说："夫人，我能为您做点什么吗？"

老妇人虽然知道售货员对自己非常鄙夷，但还是莞尔一笑："不用了，我在这儿躲会儿雨，马上就走。"老妇人随即心神不定起来，可能是觉得不买人家的东西，却借用人家的屋檐躲雨有些不好意思，她开始在百货店里转了起来，希望可以买个头发上的小饰物来为自己找个心安理得的理由。

正当她在犹豫徘徊时，那个小伙子又走了过来，说："夫人，您不必为难，我给您搬了一把椅子，就放在门口，您尽管在那里坐着休息就是了。"两个小时后，雨过天晴，老妇人向那个年轻人道谢，并向他要了张名片，然后就颤巍巍地走出了商店。

此后不久，这家百货公司的总经理詹姆斯收到了一封信，信中要求将那位年轻人派往苏格兰收取一份装潢整个城堡的订单，并让他承包自己家族所属的几个大公司下一季度办公用品的采购订单。詹姆斯惊喜不已，却不知道这个给了他巨大订单的人是谁。

后来，他才知道，信是那天在商店避雨的那位老妇人写的，而她正是美国亿万富翁"钢铁大王"卡内基的母亲。

詹姆斯马上把那位给老妇人搬椅子的叫菲利的年轻

你以为精力是用来做大事的，却不知道天下大事必作于细

人推荐到了公司董事会。毫无疑问，当菲利打起行装飞往苏格兰时，他已经成为这家百货公司的合伙人。不久，菲利就凭借自己的实力成为美国钢铁行业仅次于卡内基的重量级人物。

菲利只是做了一个善意的举动——为老妇人搬了一把椅子，这个小小的善举却改变了菲利一生的命运，让他从此走上了别人梦寐以求的成功之路。他的成功看似很简单，很偶然，但我们更应该知道，成功没有捷径，是菲利的善良，菲利的一个细节，反映了他整个人的本质，更是因为这样注重每一个细节的好习惯带他走向了成功。

爱，真的是一件神奇而美好的事物，它最神奇的一面就是让施爱者能够体会到幸福。当你把爱的阳光传递给别人时，即便微不足道，你的内心也会被阳光照亮。"送人玫瑰，手有余香"，在献出爱心芬芳众人的同时，最幸福最陶醉的还是我们自己，人性的光辉如日月般升腾于这个世界。

要么有本事改变世界，
要么留着精力改变自己

你今天刚买的手机，明天就过时了；你今天刚淘的衣服，明天就不时髦了；你今天刚想明白的道理，明天就不适用了。这个世界，时刻进行着残忍的大淘沙，别妄想你能改变世界，明智的人，还是留着精力改变自己吧。

1.别为不重要的事情分散精力

你的时间、精力都是有限的资源，不能任意挥霍，所以，你最好只关注那些对你有重大意义的人或事，为一些并不重要的东西分散精力是件得不偿失的事。

吃葡萄时，悲观者从大粒的开始吃，心里充满了失望，因为他所吃的每一粒都比上一粒小；而乐观者则从小粒的开始吃，心里充满了快乐，因为他所吃的每一粒都比上一粒大。悲观者决定学着乐观者的吃法吃葡萄，但还是快乐不起来，因为在他看来，他吃到的都是最小的一粒；乐观者也想换种吃法，他从大粒的开始吃，依旧感觉良好，在他看来，他吃到的都是最大的。

其实，悲观者需要换的不是吃法，而是眼光。

想要站得高，就要超越自己的眼光；想要超越自己的眼光，必须先超越自己。不妨想象一下自己还没有达到的目标已经达到，那时你会拥有怎样的眼光。

一位已经年近古稀的农夫说："我的力气和壮年时一样大！"别人都惊疑地看着他，他进一步解释，"想想那块大石头，我壮年时抬不动，现在还是抬不动。"

第七章
要么有本事改变世界,要么留着精力改变自己

不要以为你的眼光没有达到某个目标就以为它一直没有改变,其实你的眼光一直在变,只是你没有察觉到而已。也许是你给自己的眼光定下的参照物也在变化,所以你才忽略了变化,千万不要因此产生悲观的情绪,这反而会损害你的"视力"。

一位病人找到眼科大夫:"医生,我不能念报纸。"

医生给他检查完后安慰他:"没关系,你的眼睛近视,配一副眼镜就可以解决问题了。"

病人惊喜地问:"真的吗? 我配眼镜以后就可以看报纸了?"医生笑着点头。

病人戴上配好的眼镜后,拿起一张报纸来:"医生,我还是不能念。"

医生感到奇怪, 又仔细检查了病人的眼睛:"不可能呀?你真的只是近视而已。"

病人回答:"可我不识字。"

所以,有时是你自己没有区分"看不懂"与"看不见"之间的区别。

你的目光放在哪里,你的注意力也会集中在哪里,所以,慎重选择你注视的方向。

朱迪思·维奥斯特在力作《必要的丧失》中指出:丧失是不可避免的。我们从脱离母体直到死亡,在整个成长的过程中,

你必须精力饱满，才能出手不凡

丧失始终伴随着我们。它是"一种终生的人类状况"。理解人生的核心就是理解我们该如何对待丧失。"丧失是我们为生活付出的代价"，但假如我们学会了放弃完美的友谊、婚姻、孩子和家庭生活的幻想，放弃对绝对庇护和绝对安全的幻想，那么我们将在这种放弃中重生。丧失是成长的开始，追求完美与恐惧丧失则是幼稚的，我们人生的路途由丧失铺筑而成。

生活中常常有这样的现象：有些才能出众的人，正是由于受不了世俗冷落的偏见，从此之后甘愿"随波逐流"，也不肯再"出头""冒尖"了；也有一些较为愚钝的朋友，由于受到某些人的鄙视，就产生了"破罐子破摔"的念头。

生活是多色彩、多层面的，不必事事都有个所以然，如果你只会发现冷落，而不勇于去开拓和追逐热情，那么，在你的眼里就会只有苦涩、忧伤和痛苦。

事业并不一定只是拥有雄厚实力，手下员工成百上千，呼风唤雨。对一个主妇来说，经营的家庭何尝不是一种事业？对一位教师来说，桃李满天下的满园缤纷何尝不是一种事业？

想要在事业上取得成就，有一定贡献，就不能有"明知不可为而为之"的顽固想法。既然不可为、无法做，或者做不到，那就早点觉悟，立即止步，这样才不至于浪费你的时间、精力、感情，避免出现到了最后两手空空的结局。

命运对每个人来说，都是一个需要用一生的时间去解答的问题，眼光决定人生，这一点也不夸张。拥有什么样的眼光,就拥有什么样的人生。

你眼光独到,必然会获得成功;你眼界狭窄,必然会把一生带进死胡同;你眼光散漫,人生也将充满了散漫与空虚。

总之,你想拥有什么样的人生,就需要什么样的眼光,幸好,眼光是可以凭自己努力改变的。

当你遇到问题不能解决时,不妨从另外的一个角度去审视它,也许你会有新的收获和感悟。

2.逞匹夫之勇不难,具忍耐之智不易

真正的大勇是见辱能忍,不惊、不怒,而见辱便起、便斗的匹夫并非真正的勇者。二者的反差是很大的。能忍辱负重者为真豪杰,不能忍辱负重者非豪杰之辈。

中国有句古话:好汉不吃眼前亏。因为好汉是豪情万丈、果断勇敢、临危不惧的代名词,无论遇到多大的难题,好汉都不会低头屈就,认败服输。好汉当然要果断勇敢、敢作敢为,但却不是匹夫之勇,逞一时之豪气,不计后果。

汉朝的开国名将韩信是"好汉要吃眼前亏"的代表,面对

那些恶少们的有意刁难，如果他当时不受胯下之辱，恐怕要挨顿打，即使不死也会丢掉半条命，哪还有日后的叱咤风云！

另一个重要的"吃得眼前亏"的好汉就非"过五关，斩六将"的关羽莫属了。《三国志》里的《关羽传》说："建安五年（200年），曹公东征，先主（刘备）奔袁绍。曹公禽（关）羽以归，拜为偏将军，礼之甚厚。"此时的关羽虽然感念曹操的知遇之恩，却难忘刘备的手足之情，之所以投降，实在是不得已而为之。

有人说关羽投降曹操是他一生最大的污点，实则不然。倘若他贪恋曹营的富贵荣华，将兄弟间的情义弃之而不顾，那就不会有"过五关，斩六将"的故事流传下来了。关羽一生重情守义，岂能为一己之私而换来千古唾弃。因此，关羽的投降，不但不是污点，反而成了他更重的资本。在《三国演义》中，罗贯中也不惜笔墨，渲染了这位英雄不惜牺牲自己的名誉，保护两位嫂子的事迹。能屈能伸，方显英雄本色。

康熙大帝是一代名君，运筹帷幄，力挽狂澜，然而，在其实力微弱之时，万不得已亦曾选择"吃哑巴亏"。有人问道："君王也有屈服的时候吗？"康熙回答说："君王因道义而伸扬自己的意志，也因道义而屈从自己的意志。"

清圣祖玄烨公元1662年登基时，年仅8岁。别看他如此年幼，却不乏雄才大志。最初，太皇太后考问康熙，当皇帝后想干什么？康熙回答说："没有别的愿望，只愿天下大治，百

第七章
要么有本事改变世界，要么留着精力改变自己

姓乐业，共享太平之福而已。"这是何等的胸襟和抱负！

由于康熙登基时年龄尚幼，暂由顾命大臣鳌拜主持国政。在大清王朝的历史上，鳌拜是一个令人难忘的名字，他从功臣到权臣，最后权倾朝野，不可一世。自命不凡的鳌拜根本不把玄烨这个小皇帝放在眼里，朝中官员，他说贬就贬，说杀就杀，巡抚王登联、户部尚书苏纳海都成了鳌拜的刀下鬼。鳌拜的种种举动虽然引起了朝中众大臣的愤慨，但慑于他的淫威，大家都是敢怒而不敢言。

鳌拜不满足于一人之下、万人之上的地位，为了达到篡位的目的，鳌拜私设一计，假装身体有恙不能上朝，要玄烨亲自去看望他。玄烨果然前往其府第探疾，进入鳌拜的卧室后，御前侍卫发觉鳌拜神色有异，急忙冲到鳌拜的榻前，揭开席子，里面有明晃晃的利刀一把。玄烨是何等聪明智变之人，只见他不动声色地笑了笑说："刀不离身，是满族的习惯，这不值得大惊小怪。"言毕，马上返驾回宫，连老谋深算的鳌拜也被玄烨的沉稳震慑住了。

没有此时的"忍辱"，也就没有彼时的"锄奸"。身负重大使命，即便蒙受多大屈辱也能忍受，此谓忍辱负重。忍辱负重，忍辱是手段，是表象，完成使命是目的，是动机。忍辱负重是一切仁人志士、英雄豪杰的重要气节之一，但它却不是一般人能做到的。

你必须精力饱满，才能出手不凡

君子见辱而不怒，对此，苏轼在《留侯论》中作了十分精彩的论述："古之所谓豪杰之士者，必有过人之节，人情有所不能忍者。匹夫见辱，拔剑而起，挺身而斗，此不足为勇也。天下有大勇者，卒然临之而不惊，无故加之而不怒。此其所挟持者甚大，而其志甚远也。"苏轼在这里将"豪杰"与"匹夫"在"见辱"之时两种不同的态度和表现做了鲜明的对比。

每个人每一天都面临着"亏"，有名分上的，有利益上的，但能吃眼前亏的"好汉"却不多。大多数人认为现代社会，情况瞬息万变，没有竞争能力，没有"好勇斗狠"的强势，必然为情势左右，成为别人的垫脚石。

的确如此，如今社会竞争的复杂性远远超过以往，对手往往以各式各样的攻心术、激将法，逼你"妄动"。因此，"能吃眼前亏"也比任何时候都更重要，一个不能"隐忍"的人，又如何能承担大任？

因此，面临屈辱，尤其要"沉得住气"，要善于用理智战胜感情，善于驾驭自己的性格和控制自己的情绪。只有自己稳住"方寸"，才能找到理智地解决问题的方法，才能少暴露自己的弱点，同时发现对手的破绽。

逞匹夫之勇不难，具忍耐之智不易。

3.如果你浪费了太多精力,请让理想转个弯

如果你以相当的精力长期从事一种事业,但仍旧看不到一点进步、一点成功的希望,那就不必浪费时间了,不要再无谓地消耗自己的精力,而应该去寻找另一片沃土。

人的一生中会遇到许许多多选择,无奈的是,往往鱼和熊掌不可兼得。在把握命运的十字关口,我们要审慎地运用自己的智慧,作出最正确的判断,放弃无谓的固执,冷静地用开放的心胸去作正确的选择。

一对师徒走在路上,徒弟发现前方有一块大石头,他皱着眉头停在了石头前面。

师父问他:"为什么不走了?"

徒弟苦着脸说:"这块石头挡着我的路,我走不过去了,怎么办?"

师父说:"路这么宽,你为什么不绕过去呢?"

徒弟回答道:"不,我不想绕,我就想从这块石头上迈过去!"

师父:"可能做到吗?"

徒弟说:"我知道很难,但我就要迈过去,我就要打倒这

块大石头，我要战胜它！"

经过艰难的尝试，徒弟一次又一次地失败了。

最后徒弟很痛苦："连这块石头我都不能战胜，我怎么能完成伟大的理想？"

师父说："你太执着了，对于做不到的事，不要盲目地坚持到底，有时，坚持不如放弃。"

执着过了分，就会转变为固执。时刻留意自己执着的意念，是否与成功的法则相抵触。当然，追求成功，并非意味着你必须全盘放弃自己的执着，而来迁就成功法则。你只需在意念上做合理的修正，使之符合成功者的经验及建议，即可走上成功的轻松之道。

他是个农民，但他从小的理想是当作家。为此，10年来，他每天坚持写作500字，每写完一篇，他都是改了又改，精心地加工润色，然后再充满希望地寄往各地的报纸、杂志。遗憾的是，尽管他很用功，可他从来没有一篇文章得以发表，甚至连一封退稿信都没有收到过。

29岁那年，他总算收到了第一封退稿信。那是一位他多年来一直坚持投稿的刊物的编辑寄来的，信里写道："看得出你是一个很努力的青年，但我不得不遗憾地告诉你，你的知识面过于狭窄，生活经历也显得过于苍白，但我从你多年的来稿中发现,你的钢笔字越来越出色了。"

就是这封退稿信,点醒了他的困惑。他意识到,自己不应该对某些事过于坚持。于是,他毅然放弃了写作,而练起了钢笔书法,果然长进很快。后来,他成了有名的硬笔书法家。

放弃,并不是让你放弃既定的生活目标,放弃对事业的努力和追求,而是放弃那些已经力所不能及、不现实的生活目标。

放弃不是退缩和隐藏,而是教你如何在衡量自己的处境后有的放矢,聪明睿智地作出正确的选择。

当人执着于某一方面,如金钱、名誉、地位或某项工作时,往往会表现出只专注于此,而不考虑其他的情况。无论是生活的哪个方面,总想"鱼与熊掌兼得",什么都想要的人,其实经常顾此失彼,甚至什么也得不到。在现实社会中,诱惑实在太多了,在诱惑面前,我们只有着眼于大局,把握自己不合理的欲望,适当放弃,对不应得的不存非分之想,才是明智的行为。

一个人理智地放弃他无法实现的梦想,放弃盲目的追求,是人生目标的重新确立,也是自我调整、自我保护的最佳方案。学会放弃,给自己另辟一条新路,往往会柳暗花明。

4.犯错在所难免，实在不必终日带着内疚生活

谁都不是圣贤之人，犯错在所难免，任何成长都会伴随着犯错误。很多事情过去就过去了，错了就错了，心里认识到了就是一种收获，实在不必终日带着内疚生活。

美国作家阿尔伯特·哈伯德在《你不必完美》的文章中，讲述过这样一件事：

因为在孩子面前犯了一个错误，他心里非常内疚。他害怕自己在孩子心目中的美好形象被摧毁，害怕孩子们不再爱戴他、尊重他，因此一直不愿意主动认错。

心灵的煎熬一天又一天地折磨着他，终于有一天，他忍不住了，主动找孩子们承认了错误。结果，他惊喜地发现，孩子们并没有因此而嫌弃他，反倒比以前更爱他了。他由此发出感叹：人类所能犯的最大的错误，就是害怕犯错误。人犯错是在所难免的，那个经常会有些过失的人往往是可爱的，没有人期待你是圣人。

生活中，纠结的何止哈伯德一人呢？

多少人都曾有过类似的感受：做一件事时，但凡出了一

第七章
要么有本事改变世界,要么留着精力改变自己

点很小的错误,哪怕是不如别人做得好,都会夸张地认为整件事情都做错了,且不愿面对自己已经犯下的错误,害怕这个错误会毁坏自己的好形象。更有甚者,做事之前总是犹豫不决,拖延怠倦,前怕狼后怕虎,好不容易做完了,又生怕有什么疏漏和错误。他们希望事事都能够顺遂,没有任何意外。事实上,我们都知道,计划永远赶不上变化。

其实,错了就错了,是人就会犯错误,知错能改,善莫大焉,有什么大不了的呢?就像哈伯德讲述的自己的那段经历一样,承认错误没有人会嘲笑你,反而会觉得你诚实、诚恳;相反,你越是想逃避,越是不敢去面对,越是怕损害自己的完美形象,越会让人觉得你不可理喻、不明事理。

当然,若能弥补一个过错,还算幸运的。最折磨人的,莫过于那些已经酿成却没有机会再弥补的错误。这就像一个疙瘩,系在心里一辈子也难解开,或者有人根本就不想去解,自己备受煎熬,周围的人也跟着难受。

杨刚是某工地的一名技术能手,两年前,杨刚刚分到项目部时,可是一个机灵鬼,由当时的技术能手和师傅带领着。师徒俩的性格截然相反,和师傅平日不苟言笑,温文尔雅,不过,两人之间的相处十分融洽。

半年过去了,看着昔日一同进来的同事都已得到重用,自己却仍然在原地踏步,杨刚心里不免有些失落。虽然,和师

傅一再劝解，可他却无法说服自己。一天，喝完酒后，冲动之下，杨刚冲进大雨当中，向路边跑去。就在此时，一辆满载沙石的拉土车从雨雾中飞驰而来，因雨大，视线不好，眼看就要撞上杨刚了，尾随而来的和师傅从后面使劲推了杨刚一把，自己却来不及闪躲，被拉土车撞上，倒在了血泊之中。看到眼前这一幕，杨刚惊呆了。

三天后，杨刚送走了和师傅，然而，他却无法回到原来的状态。他认为是自己的冲动害死了和师傅，他不知道该拿什么去偿还这一切。杨刚活在自责中，每天除了拼命工作，就是把自己关在屋里，一遍遍地回忆出事前的情景。如果无法睡觉，就一个人喝闷酒，一个原本精神抖擞的年轻人，就这样渐渐憔悴了下去。一次，因为走神，他差点在工地上出事。

得知这一切后，董事长亲自找到他，给他做思想工作。在大家的努力下，杨刚找到了人生目标，那就是沿着和师傅的脚印走下去，成为分公司不可缺少的技术能手。

一场不可逆转的悲剧已经降临，痛苦、挣扎又有什么意义呢？自责和内疚换不回一个失去的人，只能让郁闷成灾，惹更多无辜的人劳心牵挂。说到底，这究竟是在惩罚自己，还是在伤害别人？

退一步说，就算没有那个错误的存在，你也难以保证一个人、一件事，以及整个人生都完美无缺。生命的长河里不会总是风平浪静,谁也无法预知何时会激起浪花,避开了一处暗礁,还可能会遇到更大的阻拦,我们唯一能做的就是向前看,而非频频回顾。

允许自己犯点错吧!犯了错,自嘲地对自己笑笑,潇洒地走出烦恼的世界。犯了错,别用近乎自虐的方式惩罚自己,为自己找个理由或借口,或许心里会好受一些。这不是逃避,而是让心能够容纳人生的瑕疵,将经历过的失败、犯过的错误变成弥足珍贵的经历和经验。

5.如果你希望看到世界改变,那么第一个改变的就是自己

想改变世界很难,而改变自己则容易得多。与其改变全世界,不如先改变自己。当你改变了自己,你眼中的世界自然也就跟着改变了。所以,如果你希望看到世界改变,那么第一个必须改变的就是自己。

很久以前,人类都是靠赤脚行走。一位国王去偏远的乡

间旅游，路上有很多碎石头，把他的脚硌得生疼，他大怒，回到皇宫后，就下令将国内的所有道路都铺上一层牛皮。他觉得这样做，不仅自己不用再受苦，全国老百姓也都可以免受石头硌脚之苦了。

愿望是好的，问题是哪里来那么多牛皮？就算把全国所有的牛都杀了，也筹措不到足够的皮革，这还不算用牛皮铺路所花费的金钱、动用的人力。但这是国王的命令，谁敢说个"不"字呢？

就在大家为此发愁的时候，一个聪明的大臣大胆向国王谏言："国王啊，为什么您要劳师动众，牺牲那么多头牛，花费那么多金钱呢？您何不只用两小片牛皮包住您的脚，这样不就能免受石头硌脚之苦了吗？"

国王一听，当下醒悟，于是立刻收回命令，改用这位大臣的建议。据说，这就是"皮鞋"的由来。

在英国威斯敏斯特教堂的地下室，圣公会主教的墓碑上写着这样的一段话：

"当我年轻的时候，我的想象力没有受到任何限制，我梦想改变整个世界；当我渐渐成熟明智的时候，我发现这个世界是不可能改变的，于是我将眼光放得短浅了一些，那就只改变我的国家吧！但这似乎也很难；当我到了迟暮之年，抱着最后一丝希望，我决定只改变我的家庭、我亲近的人——但是,唉!他们根本不接受改变;现在在我临终之际,我才突然意识到:如果起初我只改变自己,接着我就可以改变我的家人,然后在他们的激发和鼓励下,我也许就能改变我的国家,再接下来,谁知道呢,或许我连整个世界都可以改变。"

当我们没有能力去改变环境的时候,尤其是环境不利于我们的时候,就去改变自己吧,这是一种智慧,一种策略。

一阵狂风,把一棵大树连根拔起。

大树看到旁边池塘里的芦苇就问:"为什么这么粗壮的我都被风刮断了,而这么纤细的你却什么事也没有呢?"

芦苇回答说:"我知道自己软弱无力,所以会低下头给风让路,避免了狂风的冲击;而你却拼命抵抗,自然会被狂风刮断。"

我们应该像芦苇,尽管软弱,但有智慧。面对狂风卷来,不是试图与之对抗,而是伏下身子,低头弯腰,化险为夷。更重要的是,积蓄力量,在机会到来之时,进行全力冲刺。

刘虹大学毕业时国家还管分配,她被分配到了一个偏远的小山区当教师,不仅条件差,工资更是少得可怜。其实,刘虹在校成绩不错,擅长写作,还曾担任过学校文学社的社长。现在被分到这样一个小地方,她自然有些愤愤不平,对工作

也没有热情，连一向爱好的写作也没了兴趣，整天就琢磨着
"跳槽"，幻想能有机会换一个好的工作环境，拿到一份优厚
的报酬。两年过去了，她的工作没有任何起色，写作也荒废
了，她也变得更加郁郁寡欢。

这天，学校开运动会，连附近的村民都来观看，小小的操场
被围得水泄不通。她来晚了，站在后面，踮起脚也看不到里面热
闹的情景。这时，身旁一个很矮的小男孩儿吸引了她的视线，只
见他一趟趟从远处搬来砖头，在那厚厚的人墙后面，耐心地垒
着一个台子，一层又一层，足足垒了半米多高，他才登上台子，
还冲刘虹粲然一笑，掩饰不住的是成功的喜悦和自豪。

刹那间，刘虹的心被震了一下，操场上的环境已经不能
改变了，自己只是站在外面唉声叹气，抱怨自己来晚了，而小
男孩儿却懂得垒一个台子，改变自己的高度，去欣赏比赛。自
己一直在抱怨被分的地方是多么差劲，却不曾想到改变自
己，她为自己以前的做法感到惭愧。

从此以后，她满怀激情地投入到工作中，踏踏实实，一步
一个脚印。很快，刘虹成了远近闻名的教学能手，编辑的各类
教材接连出版，各种令人羡慕的荣誉纷纷而至。两年后，她被
调到了自己颇喜欢的一所中专任职。

我们会抱怨周围的卫生环境太差了，但看到遍地的垃
圾，自己也会把手里的废纸随手一丢，还会安慰自己说反正

已经脏成这样了,也不多一张废纸。也许,大多数人和你抱着同样的想法,可如果每个人都从改变自己开始,卫生环境不就改观了吗?

面对大环境,作为个体,我们无能为力,但我们可以改变自己。

6.高处不胜寒,别把自己太当回事

低调做人是一种境界,也是一门人生哲学。低调做人,不仅可以保护自己,融入人群,与人们和谐相处,也可以让人暗蓄力量,悄然潜行,在不显山不露水中成就事业。

美国开国元勋之一的富兰克林年轻时,去一位老前辈的家中做客。他昂首挺胸走进一座低矮的小茅屋,刚走到门口,"嘭"的一声,他的额头撞在了门框上,青肿了一大块。

老前辈笑着出来迎接说:"很痛吧?你知道吗,这是你今天来拜访我最大的收获。一个人要想洞明世事,练达人情,就必须时刻记住低头。"

有些人看上去平平常常，甚至还给人窝囊不中用的弱者感觉，但这样的人并不可小看。有时候，越是这样的人，越是在胸中隐藏着高远的志向抱负，而他这种表面的"无能"，正是他心高气不傲、富有忍耐力和成大事讲策略的表现。这种人往往能高能低、能上能下，具有一般人所没有的远见卓识和深厚城府。

刘备一生有"三低"最著名，它们奠定了他王业的基础。一低是桃园结义，与他在桃园结拜的人，一个是酒贩屠户，名叫张飞；另一个是在逃的杀人犯，正在被通缉，流窜江湖，名叫关羽。而他，刘备，皇亲国戚，后被皇上认为皇叔，却肯与他们结为异姓兄弟，他这一低头，两条浩瀚的大河向他奔涌而来，一条是五虎上将张翼德，另一条是儒将武圣关云长。刘备的事业，从这两条河开始汇成汪洋。

二低是三顾茅庐。为一个未出茅庐的后生小子，前后三次登门求见。不说身份名位，只论年龄，刘备差不多可以称得上长辈，面对闭门羹，连关羽和张飞都在咬牙切齿，他却毫无怨言，一点都不觉得丢脸。这次低头，换来的是一个千古名相和一张宏伟的建国蓝图。

三低是礼遇张松。益州别驾张松，本来是想卖主求荣，把西川献给曹操。曹操自从破了马超之后，志得意满，骄人慢士，数日不见张松，见面就要问罪。后又向他耀武扬威，引起对方讥笑，差点将其处死。刘备派赵云、关云长迎候于境外，

第七章
要么有本事改变世界,要么留着精力改变自己

自己亲迎于境内,宴饮三日,泪别长亭,甚至要为他牵马相送。张松深受感动,终于把本打算送给曹操的西川地图献给了刘备。于是,西川百姓汇入了他的帝国。

最能看出刘备与曹操交际差别的,要算他俩对待张松的不同态度了:一高一低,一慢一敬,一狂一恭。结果,高慢狂者失去了统一中国的最后良机,低敬恭者得到了天府之国的川内平原。

一个人,无论你已取得成功还是还没有出师下山,其实都应该谨慎平稳,不惹周围人不快,尤其不能得意忘形、狂态尽露。

想要做到低调,下面几点可供你参考:

第一, 在行为上要低调。"财大不可气粗,居功不可自傲",做人不能太精明,例如《红楼梦》中的王熙凤,"机关算尽太聪明",结果乐极生悲了。

第二,在心态上要低调。不要锋芒毕露,不要恃才傲物,谦逊是终身受益的美德。

第三,在姿态上要低调。"大智若愚,实乃养晦之术。"毛羽不丰时,要懂得让步;时机未成熟时,要挺住。所谓"高处不胜寒",低调做人未尝不是件好事。

第四,在言辞上要低调。说话莫逞一时口头之快,不可伤害他人自尊,不可揭人伤疤,得意而不忘形。

低调做人,不是指低声下气、奴颜婢膝,而是指始终把

自己当成普通的一分子，使自身融入大众中去，融入社会中去，不自命不凡，为人处事不张扬。

日常生活中，形形色色、各式各样的人都有，只要你稍微有点处理不当，就很有可能招来不少麻烦。轻者，工作不愉快；重者，影响自己的职业生涯。因此，在与人相处的艺术中，低调做人相当重要，特别是在与小人相处时，尤其不能忽视。

学会低调做人，就是不要把自己的能量浪费在无谓的人际斗争中，即使你认为自己的能力比别人强，即使你认为自己满腹才华，也要学会保留，学会隐藏，学会克制。这是保护自己的有效手段，也是一种能量的内敛。

不招人嫌，不卷进是非，不招人嫉妒，无声无息地把自己要做的事情做好，出色地完成自己的任务，永远都是最重要的事情。

我们要相信：我们还有很多不懂的，不懂的比懂的多；我们同样要相信：世界上厉害的人比不如我们的人多。

不要想着自己什么时候都是焦点，都是明星，有时候，做一个无名小卒更合适。

7.走弯路不可怕,可怕的是你纠结的内心

每个人都希望自己的人生一帆风顺,但这样的人生轨迹并不存在,弯路走得多了,放开心态,也能在弯路上多看一段风景。

蓉蓉很特别,有很多优点,不仅会弹钢琴,唱歌也好听。可是优秀的她高考失利了,所有人都曾以为她能够考上复旦大学,但最后她的分数只够去一个不知名的医科大专。

她曾一度非常沮丧,但她从来没有抱怨过生活,始终从自己身边的人和事上看到和学习美好的东西。在学校里,她和其他同学一样,也谈恋爱,也爱玩儿,当然,她的学习也没落下。后来,她去医院实习,从给断掉的骨头上石膏,到做开腔手术大夫的助手,她都表现得游刃有余。再后来,她考上了法律专业的本科,从专科升为本科,从零开始。

本科毕业后,蓉蓉顺利找到了工作,但做了一段时间,她就辞职去黑龙江支教去了。再后来,她又去了加拿大读大学,专业是关于教育和非营利公益组织的管理。

也许有些人觉得,那么辛苦从专科升到本科,却没有在法律方面好好深造,后面更是读了一个完全不相关的专业,

实在是走了大弯路，浪费了很多时间。

但蓉蓉并不这么认为，她喜欢体验人生的多样性，她对别人说："我走的不是弯路，而是多看了一段风景。"

生活的强者，只关乎心灵。塞涅卡曾说："没有谁比从未遇到过不幸的人更加不幸，因为他从未有机会检验自己的能力。"如何检验自己的能力呢？走一段弯路。在弯路中，我们总是在得到与失去的交替中，在渴求与放弃的转变间，经历着痛苦，同时也感受着快乐。

都说走弯路很苦，其实苦的另一面是一种恩赐，因为伴随苦难而来的往往是一种超乎常人的坚强与不屈，而这种精神才是人生在世最为宝贵的财富。

从一个一掷千金的大商人，变成一个家徒四壁的穷光蛋，洛克在经历了破产的遭遇后，深切体会到了生活的冷酷无情，他心灰意懒，萌生了结束生命的想法。

洛克回到了承载着他童年美好时光的乡间小镇，也许这里才是离上帝最近的地方，洛克很想质问上帝，为何偏偏选中他来承受命运的作弄。

走累了的洛克在一片瓜地旁边小憩，这正是丰收的时节，空气里充盈着香甜的味道。好客的瓜农看到风尘仆仆的洛克，豪爽地请他品尝地里的瓜。

第七章
要么有本事改变世界,要么留着精力改变自己

瓜农开始喋喋不休地对洛克讲述,前几年收成如何不好,总是遇到天灾虫患,还有一次,突如其来的一场霜冻让即将收获的成果毁于一旦,一年的辛勤劳作全都白费了。

洛克感到有些意外,他脱口而出:"收成不好你怎么活下去,赚不到钱,耕种还有什么意义?"

憨厚的果农咧嘴一笑:"再怎么艰难不都这样挺过来了,你看,这不是丰收了么?而且,正是之前的歉收,才让这次丰收显得更有意义。"看着这个心事重重的年轻人,果农意味深长地继续说道,"所有的经历都是有意义的,只要你没有放弃继续依靠自己的双手。"

一席话似一阵风吹走了洛克心头的灰尘,让他顿时如醍醐灌顶。

之后,洛克驱车返回,决定重新来过。5年后,他的公司遍及全球,他成了行业内呼风唤雨的人物,而走过的弯路,也成了他人生中最美的回忆,让他倍加珍视。

走弯路并不可怕,可怕的是我们纠结的内心,迟迟不肯让它过去。我们都曾暗暗许愿:希望人生之路能够坦荡无阻,希望得到细心体贴的关怀,希望一切烦恼和痛苦都远离我们。然而,我们的愿望没有被满足,我们仍然在红尘中挣扎,生命中那些源于心灵的痛苦时时折磨着我们,让我们不愿意面对,却又无法逃避。

你必须精力饱满，才能出手不凡

人生路上，有很多风景。对于这些风景，我们或者无心欣赏，或者根本就错过了，这是一种深深的遗憾。当我们为着接近一个目的，遭遇了困难，甚至付出了代价后，是否还能满心欢喜地回忆起沿途的景致？如果能，我们就是智慧的。

弯路比起星光大道更有意思，且不说那不寻常的风景，就说脚下的路，因为有了曲折，反而可以考验我们的注意力和脚力，把这作为人生旅途的一次磨砺，不是很好吗？

面对生活中的弯路，我们需要"想得开"。想得开是天堂，想不开是地狱。我们选择自己的职业，选择自己的人生轨迹，都是出于向阳的心态。但是，职业做了几年，可能发现选错了，走了几年路，发现路是弯的，然而，回头看看，我们真的白白浪费了光阴吗？

终有一天，当我们站在人生的下一个站台回望，所有曾经承受的委屈和压力都将释然，我们会发现，那些我们所走过的弯路，让我们学到了如何应对人生，如何面对挫折，如何发挥潜能，全力以赴。走过弯路后，我们发现，是弯路让我们的人生拥有了更多的可能。

第八章

你若不好好爱自己，
连精力都无处发生

别人的看法和态度永远都代表不了你也否定不了你，只有自己最了解自己。不论男人还是女人，不能总活在别人的目光里，忽左忽右，会丢失自己。因此，你要抛开别人的看法，相信自己。不论美或丑、胖或瘦、相貌出众或普通，都要活出一个真实的自我。你若不好好爱自己，又谈何精力的发生？

1.工作不是生活，更不是生命的全部

　　工作是为了生活，或者说，工作是为了更好地生活，没有生活的工作，也就失去了意义。在高效率、快节奏地拼命工作之余，我们应该停下来，歇一歇，学着享受生活。

　　在英国某小镇，有一个以沿街说唱为生的年轻人。

　　同在这个小镇上，有一位华人妇女，她背井离乡，不远万里来到这里打工。因为他们总是在同一个小餐馆用餐，屡屡相遇便成了朋友。

　　这位华人妇女觉得这个小伙子人还不错，就关切地对他说："不要再沿街卖唱了，这总不是一个长久之计，去从事一份正当的职业吧。我可以介绍你到中国去教书，在那儿，你可以拿到比你现在高得多的薪水。"

　　小伙子听后，愣了一下，然后反问道："难道说我现在从事的职业不正当吗？我很喜欢现在的工作，它能给我也能给其他人带来欢乐，有什么不好？我为什么要远渡重洋，告别亲人，抛弃家园，去做我并不喜欢的工作，去过我不喜欢的生活？"

　　邻桌的英国人听到这段对话也为之愕然，他们不明白，

第八章
你若不好好爱自己,连精力都无处发生

仅仅为了多挣几张钞票就抛弃家人,远离自己幸福的生活,这样的日子有什么意思?

现代社会是一个忙碌的社会,为了事业与家庭,大家不停地奔波劳累,就像一台永不停息的机器。事业有成的人更不必说,个人休息放松的时间少之又少,像永不松懈的发条,为了自己的梦想或利益而不停地奔跑……却不知道,当我们正在为生活疲于奔命的时候,生活已经离我们而去。

工作不是生活的全部,可我们的生命往往在奔忙中逐渐耗散,我们的精神也在残酷的竞争中、快节奏的生活中趋于紧张,以致麻木甚至崩溃。其实,这样无益于更好地工作。所以,不要忙于那些没有意义的事情,事情很多,但没有头绪地忙碌是不可取的,我们应当学会适时地停下来。

我们需要静下心想想,自己在做什么?做这些的目的是什么?不停地奔跑又给自己带来了什么?

我们最初是为了更好地生活而工作,然而最后却是我们为了工作而疲于奔命,早忘记了最初的目的,工作渐渐成了抑制我们自由的东西。

很久以前,一位猎人去拜访一位很有成就的科学家,没想到这位取得了这么多成绩的科学家正和家人在院子里享受阳光,科学家还推着女儿在荡秋千,一家人玩得不亦乐乎。

你必须精力饱满，
才能出手不凡

    猎人很奇怪，他弄不明白为什么这样一位治学严谨的人会浪费时间在这种游戏上？在猎人的想象中，科学家的时间应该很大部分都花在实验室里。于是，猎人问科学家："你不觉得你的时间都被浪费掉了吗？"

    科学家反问猎人："你为什么不把你背上的弓扣上弦？"

    猎人回答说："如果一直扣紧，弓弦就会失去弹力。"

    科学家回道："我陪家人一起玩耍，一起荡秋千，理由也是一样的。"

    方元大学毕业不到半年，就辞去了某大型报社记者的工作，在国内一边打零工一边旅行。这样的生活，他持续了10个月。

    "在辞职之时，我并不清楚这段生活到底要持续多久，也不清楚我期望从中得到什么、旅行结束之后又要干吗，"方元说，"但旅行彻底调整了我的心态与情绪，在旅行接近尾声时，我曾和驴友结伴去甘南朗木寺沿河流徒步。那天，正走在弯弯绕绕的上坡路，脑袋里突然闪出了一个念头：还是去做记者吧，既然你在大学里选择了学新闻、做新闻，那么还是尝试下在社会里做新闻好了。再说，当记者也不错，不用坐班，比较自由。"

    随后工作的这两年里，他也遇到过不少困难与麻烦，每到这时，他就会想放弃，再次开始在路上的生活，但却总难以达到放弃的那根线："唔，这一切没有那么严重，你可以坚持的。"

第八章
你若不好好爱自己，连精力都无处发生

《荀子·劝学》中说："故不登高山，不知天之高也；不临深溪，不知地之厚也。""读万卷书"固然需要，但"行万里路"更不可少。自古以来，人们都非常推崇"行万里路"，许多名人志士都是在饱览名山大川、眼界开阔之后才取得了非凡的成就。

正如那句著名的广告语："人生就像一场旅行，不必在乎目的地，在乎的是沿途的风景以及看风景的心情。"川端在伊豆邂逅的美丽，三毛在撒哈拉找到的幸福，苏童在江南水乡触到的灵感，安妮在墨脱受到的震撼，苏东坡在石钟山的顿悟，旅行收获到的岂止是简单的风景。

一块石头，一缕空气，一片白云，一寸土地，每个地方，都有它独特的魅力。而旅行的意义也并非仅仅为了某处风景，为旅行而旅行。旅行可以让我们增长知识，同时得到心情的释放与心灵的憩息。当放下烦闷的工作与琐碎的家事，当踏上旅途，轻松与愉悦就会缠绕着双腿，赐予你一股力量，继续向前。

工作不是生活的全部，更不是生命的全部。通过工作来追求生命价值是永无止境的，而人类的时间、健康与精力却是有限的，我们跟家人、友人在一起的时间也是有价值和有意义的。

努力工作，更要努力享受生活，只有对生活充满热爱，对工作富有激情，才算得上是美好的人生。

所以，我们应放下一些无谓的忙碌，不要让工作时间挤占自己的私人生活，该工作时就工作，该休息时就应该休息，这样才是一个健全的人生。

2.生固欣然,死亦无憾

对于死亡,过度恐惧反而有损身体,明智的态度就是顺其自然,自由自在地生活。

就如同大自然的花开花落一样，人的生死就像白天和黑夜一样平常无奇。"人生自古谁无死",死是万物新陈代谢的必然结果,不可抗拒的自然规律。

许多长寿名人,对死亡都有着大度的乐观心态。

著名佛学家、爱国宗教领袖赵朴初,他对生死看得很透,在病床上还写下了这样的诗句:"生固欣然,死亦无憾。"字里行间充满了辩证唯物主义的生死观,展现了他纯情超然的心灵境界。

南京大学111岁的博士生导师郑集,他专门写有《生死辩》:"有生即有死,生死自然律。"这是一个百岁老人对死亡的坦然。

著名作家孙犁晚年自作无题诗:"不自修饰不自哀,不信人间有蓬莱。冷暖阴晴随日过,此生只待化尘埃。"表现了他对死亡的超然大度。

有个成语,叫视死如归。想要看淡生死,视死如归,确实不是一件容易的事。历史上有两种人达到了这种境界,一种是在修行中历尽劫难沧桑,参透生死,对人生已经大彻大悟的人;另一种是胸怀高远大志、心有精神大义而能置生死于度外的人。

周恩来对死亡的态度非常理性,也非常超脱。他认为,死亡是人生的自然法则,有生必有死,有始必有终。一个人应当不怕死。如果打起仗来,要死就死在战场上,同敌人拼到底,中弹身亡,就是死得其所;如果没有战争,就要努力进取,拼命工作,鞠躬尽瘁,死而后已。

1975年9月,在一次外交活动中,话题自然地转到了主人的健康上来,周恩来开着玩笑却言辞令人心酸地说:"马克思的'请帖',我已经收到了。这没什么,这是不以人的意志为转移的自然法则。"

周恩来不害怕死亡,不企求生命的重复,他唯愿有限的生命迸发出最大的光和热。如果把周恩来的人生观归结为一点,那就是"尽心尽力"的原则,有义务、有能力去做的,一定去做,争分抢秒地去做。尽心尽力了,就不枉为一生,就不会留下什么遗憾。周恩来给世人的印象是,他像负重的"牛",像一架不断运转的"机器",将身体和精神之能力发挥到了极致,正如他所崇拜的诸葛亮一样,鞠躬尽瘁,死而后已。他给历史留下的是一个尽职尽责、辛勤劳作的"人民公仆"形象。

孔子谓"杀身成仁";孟子曰"舍生取义";司马迁认为"人固有一死,或重于泰山,或轻于鸿毛"。对死亡的态度恰好是对生的态度的反证。惧怕死亡的人往往在生活中患得患失,忧虑重重；而不怕死亡的人才能乐观进取，力争在有限的生命中创造出无限的事业。

"莫将身病为心病"，这是明代思想家王阳明的名言，意思不言自明。心理负担过重，对身体健康毫无益处。人们常说："肩上百斤不算重，心头四两重千斤。"可见情绪对健康的影响是极大的，"万病心中生"。

我们常常会有这样的体会，当我们处于良好的心理状态时，自己所做的事也会感到轻松不少，体力和脑力劳动的效率都会有很大的提高；而消极的情绪，如愤怒、怨恨、焦虑、抑郁、恐惧、痛苦等，不仅让我们无心做事，如果强度过大或持续过久，还可能导致神经活动机能失调。

一个叫贝特丽丝·伯恩斯坦的老太太，已经70多岁了，曾两次寡居，但她仍然尽情地生活——探望儿孙，读书，旅行，义务演出，过着快乐的一生。

"我已经过了生命的巅峰，但仍然享受下坡的快乐，做了快9年寡妇，我为自己创造了一个充实且愉快的生活。我在亚利桑那州立大学一起修课的同学，在我第二任丈夫于1982年被诊断患了结肠癌时，成为我的支持团体。

"借助青年旅行的计划，我和同龄人一起环游世界，他们和我有同样嗜好，也需要伙伴。自退休后，我所进行的最有价值的计划，就是参加了'圣约之子'为以色列'活跃退休者'所

第八章
你若不好好爱自己，连精力都无处发生

举办的为期3个月的节约活动。活动中，我在内坦亚的东正教看护中心担任祖母的角色，要照顾从18个月到3岁的小孩子。没错，有时工作很烦很累，但是能提供服务，付出爱以及得到爱，这为我带来了一种就像照顾自己亲生孩子般的快感。"

在伯恩斯坦太太76岁生日时，满屋的朋友共同举杯祝福她："祝您活到120岁！"

伯恩斯坦太太的笑绽开了额头的皱纹："我也许刚好可以活到那么老，就剩下44年了。"

人生在世，有数不清的幸福和快乐，亦有许多忧愁和烦恼。健康与快乐为伴，而忧愁却往往会带来疾病。情绪乐观开朗，可使人内脏功能正常运转，增强对外来病邪的抵抗能力。

古人的养生之道，在于宁心养神。《黄帝内经·素问·上古天真论》记载："恬淡虚无，真气从之，精神内守，病安从来。"意思是，心情平静，不动杂念，疾病便无从发生。这就表明，做到心情舒畅，安然自得，便会延年益寿。

写字要专心致志、全神贯注，这样能起到静心养性的作用。鲁迅先生认为中国文字有三美：意美以感心、音美以感耳、形美以感目。练习书法时，观摩碑帖，揣其神韵，可以培养审美趣味和审美思想，同时能得到艺术享受，陶冶性情，静心养性。书法家潘伯鹰说："心中狂喜之时，写字可以使人头脑冷静下来；心中郁悒，写字可以使人忘掉忧愁。我以为延年益

寿,这算妙方。"

在"人生七十古来稀"的古代,书画家却大都是寿星。唐初"四大书家"的欧阳询活到了85岁;以"夫子庙碑"传世的虞世南81岁;写"玄秘塔"的柳公权88岁。近代书法家及画家长寿者更多,如吴昌硕84岁,张大千85岁,齐白石94岁,2005年9月仙逝的启功也活了94岁。

三国时的养生学家嵇康认为,养生之道,唯重在养神。何乔潘在《心术篇》中说:"书者,抒也,散也。抒胸中之气,散心中郁也。故书家每得以无疾而寿。"

唐代诗人韩愈在形容书法家张旭作书时说道:"喜怒窘穷,忧悲、愉佚、怨恨、思慕、酣醉、无聊、不平,有动于心,必于草书焉发之。"

养生贵在养心,保持愉悦的心情是养生的最高境界。不良心境如同毒草,长期处于其中,无疑会使机体抵御疾病的能力下降,破坏自身的身心健康。因此,无论你处于人生的顺境还是逆境,不妨常做一下"健心操",学会驾驭心境,将烦闷、孤寂、依赖、内疚等统统赶走。这样,同样的事物,就会从"无可奈何花落去"变作"人闲桂花落""鸟鸣山更幽"。

总之,有生必有死,死亡永远伴随着生,相依为命,寸步不离。人的生命同世间一切的生物一样,一旦死亡就不可能再次复生。如果因此而轻视或浪费生命,那将是不可原谅的错误。在死神召唤之前,我们应充实地过好每一天。

莎士比亚一段名言,意味深长:"懦夫在未死以前,就已经死过好多次;勇士一生只死一次。在我所听到过的一切怪事之中,人们的贪生怕死是一件最奇怪的事情,因为死本来是一个人免不了的结局,它要来的时候谁也不能叫它不来。"

每个人都要顺其自然,正确对待死亡,把死亡看成人生的必然"归宿"。面对死亡,无须惊骇,不要悲观,顺其自然,处之泰然。既然死亡不可避免,那我们就应该在有限的岁月里,让生活充满阳光。

3.取悦自己,成为自己的主人

人只有真正成为自己的主人,才能领悟到其中的人生真谛,塑造出灿烂辉煌的一生。当然,这条路并不好走,在行进的过程中,也许我们的内心会挣扎、会疼痛,但过后我们会发现,不经一番寒彻骨,哪来梅花扑鼻香?

从前,有一位很有名气的诗人,他一直为一件事苦恼着:他还有相当一部分诗作没有发表出来,这些诗作没有得到别人的欣赏。

苦恼之际，这位诗人找到了他的朋友——一位禅师。

这天，诗人向禅师说了自己的苦恼。

禅师听后淡然一笑，手指着一株茂盛的植物说："你看，那是什么花？"

诗人看后回答说："夜来香。"

禅师说："没错，是夜来香，它仅在夜晚开放。那么，你知道这种植物为何仅在夜晚开花，散发香味吗？"

诗人看了看禅师，表示自己不知道何故。

禅师告诉他说："夜晚开花，并无人注意，它开花，不是为了取悦别人，而只是为了取悦自己！"

诗人听后感到很惊讶："取悦自己？"

禅师笑道："凡是选择在白天开花的植物，都是为了引人注目，得到他人的赞赏。而夜来香恰恰相反，它在没人欣赏时开放自己、芳香自己，它这样做只是为了让自己快乐。一个人，难道还不如一株夜来香吗？"

禅师看了一眼诗人，接着说："有不少人，总是让别人掌握着自己快乐的钥匙，自己所做的一切，都是在做给别人看，让别人来赞赏，好像不这样做自己就快乐不起来。实际上，在不少时候，我们做事的目的应该是为了自己。"

诗人笑着说："我懂了。"

第八章
你若不好好爱自己，连精力都无处发生

只有取悦自己，才能将美好的感觉传递给他人；只有取悦自己，才能将自己提升至一个应有的高度；只有取悦自己，才能更好地肯定自己。在实实在在的社会生活和工作中，取悦自己就是一种凝固剂，能让乐观自信的心态长久地保持下去，从而使我们勇敢坦然地面对未来要走的路。

是选择取悦别人，还是取悦自己，作为旁观者，是无法和当局者感同身受的，只有当局者才能体会到其中的痛苦和艰辛。

其实，每个人内心都有一种愿景，那就是"海浪轻逐，春暖花开"，在这美丽的"画卷"之上，有恬淡自然，也有惬意芳香。如果我们先站在不可调和的事物面前，再去观照自己的内心，便会猛然明白自己接下来的选择——取悦自己要比取悦他人更为智慧。

吴淡如曾经说过这样一句话："每个人心中都有一首歌，即便没有掌声，我们也能歌唱，也能取悦自己。"

从实际生活和工作中，我们可以明显地看到：有的人之所以能活得精彩，是因为他们自信满满地行走在幽雅小径之上，不仅找准了自己的目标和位置，还延伸了自己的理想和主宰命运的能力；而有的人最终却让自己陷入了"死胡同"，这是因为他们的消极心态驱使他们潜入阴暗的角落里，这么一来，他们根本就摸索不到前行的路。

人生在世，就要以一种博大的胸怀坦荡地活着，在烦恼压身的时候，我们万不可使自己落入"万般执着"的陷阱里。

不要自己为难自己，而要学着做自己的主人，遇到困境和麻烦靠自己拯救自己。这样，我们才算真正地活出了自己，展现在我们面前的，才会是另一个世界的美好。因为我们的心灵找到了一个正确的出口，获得了一种久远的宁静和快乐。

所以，我们要活出自己，用自己认为快乐的生活方式，将生活打造得无比斑斓。不管是当下还是未来，每分每秒都要记得为自己而活，无须取悦他人，因为任何东西都无法替代"取悦自己"所带来的快乐和幸福。

4.你若不坚强,脆弱给谁看？

生活就是这样，有时意料之中，有时意料之外。不过悲也好，喜也罢，你都得活着，都要面对。等你的年龄到了有资格回味往事之时，你会发现，那正是你的人生。而这一路陪你走来的，不是金钱，不是欲望，不是容貌，而是你那颗坚强的心。

世界顶尖电影巨星史泰龙，他的父亲是一个赌徒，母亲是一个酒鬼。父亲赌输了，又打母亲又打他；母亲喝醉了也拿

第八章
你若不好好爱自己,连精力都无处发生

他出气。他在拳脚交加的家庭暴力中长大,常常鼻青脸肿,皮开肉绽。因此,史泰龙面相很不美,学习也不好。高中辍学后,他在街头当起了混混,直到20岁的时候,一件偶然的事刺激了他,使他醒悟:"不能,不能这样做。如果这样下去,岂不是和自己的父母一样成为社会垃圾,带给别人、留给自己的都是痛苦? 不行,我一定要成功!"

史泰龙下定决心,要走一条与父母迥然不同的路,活出个人样来。但是做什么呢?他思索着:从政,可能性几乎为零;进大企业去发展,学历和文凭是目前不可逾越的高山;经商,又没有本钱……最后,他想到了当演员——当演员不需要文凭,更不需要本钱,一旦成功,却可以名利双收。但他显然不具备当演员的条件,长相就很难使人有信心,又没接受过任何专业训练。然而,他认为当演员是他今生今世唯一出头的机会,所以他绝不会放弃!

为了实现演员梦,史泰龙来到了好莱坞,找明星,找导演,找制片,找一切可能使他成为演员的人,处处哀求:"给我一次机会吧,我想当演员,我一定能成功!"

很显然,他一次又一次被拒绝了。但他并不气馁,他知道,失败定有原因。每被拒绝一次,他就认真反省、检讨、学习一次,然后再次出击。不幸得很,两年一晃过去了,钱花光了,他仍然没有成功,他只能在好莱坞打工,做些粗重的零活。

史泰龙暗自垂泪,甚至痛哭失声。难道真的没有希望了

吗?难道赌徒、酒鬼的儿子就只能做赌徒、酒鬼吗?不行,我一定要成功!他想,既然不能直接成功,能否换一个方法。他想出了一个"迂回前进"的思路:先写剧本,等剧本被导演看中后,再要求当演员。幸好现在的他已经不是刚来时的门外汉了,两年多的耳濡目染,每一次拒绝都是一次口传心授、一次学习、一次进步,他已经具备了写电影剧本的基础知识。

一年后,剧本写出来了,他又拿去遍访各位导演:"这个剧本怎么样,让我当男主角吧!"普遍的反映都是剧本还可以,但让他当男主角,简直是天大的玩笑,他再一次被拒绝了。

他不断对自己说:"我一定要成功,也许下一次就行,再下一次,下下次……"

在他遭到1300多次拒绝后的一天,一个曾拒绝过他20多次的导演对他说:"我不知道你能否演好,但我被你的精神感动了。我可以给你一次机会。"这就是《洛奇》。

为了这一刻,史泰龙做了多年的准备,此刻终于可以一试身手了。机会来之不易,他不敢有丝毫懈怠,全身心地投入。最终,他成功了。1976年,《洛奇》票房突破2.25亿美元,且夺走了奥斯卡最佳影片与最佳导演奖,史泰龙也获得最佳男主角和最佳编剧的提名。

成功者不比普通者更有运气,只是比普通者更能延续最后5分钟的勇气。意大利著名记者法拉齐说:"人只要有勇气,就没有办不成的事。"她就是凭着一股勇气,采访了诸多国家的首脑,为人们做出了榜样。

人生好比一座山峰,需要我们去攀登。在攀登的过程中,有悬崖也有峭壁,这时就需要我们有勇气去战胜它。勇气是成功的前提,拥有勇气,你就向成功迈进了一大步。其实,所谓的成功者,他们与其他人的唯一区别就在于,别人不愿意做的事,他们去做了,而且全身心地去做。

强者从来不知道什么叫失败,他们让人敬佩的地方不在于永不言败的精神,而是屡败屡战、越战越勇,最后达到胜利的勇气。一个人即使什么都没有,但只要还有勇气,那他就拥有了一切,就能够成为出类拔萃、脱颖而出的强者。

英国19世纪的女作家乔治·艾略特曾说:"犹豫代表了胆怯,意味着害怕失败,而丧失勇气去尝试的同时亦失去了唯一一点你可能成功的理由。"

米老鼠和唐老鸭的创作者华特·迪士尼不但画出了风靡全球的米老鼠和唐老鸭,还以它们为主角拍摄了有声动画片和彩色动画片,并且为这些银幕卡通形象在全球建造了迪士尼乐园,造就了一个卡通娱乐王朝。然而,华特·迪士尼的成功之路并非一帆风顺——虽然他一再向他人展示和证明了他的作品,却也经历了一次又一次的挫折和打击。

华特·迪士尼在上小学时,就着迷于绘画和冒险小说,他

你必须精力饱满，才能出手不凡

喜欢读马克·吐温的《汤姆·索亚历险记》，更喜欢天马行空地进行创作。在一次绘画课上，华特·迪士尼充分发挥自己的想象力，把一盆花都画成了人脸，把叶子画成人手，并且每朵花都有各自的表情。然而，循规蹈矩的老师根本就不理解孩子心中那个奇特的世界，竟然认为华特·迪士尼这是在胡闹，并把他拎到讲台上狠训了一顿。值得庆幸的是，这位老师并没改掉华特·迪士尼乱画的"毛病"。

中学时期，华特·迪士尼负责校刊中的漫画，他总喜欢在漫画中体现自己的想法。这时，第一次世界大战爆发了，中学刚毕业的华特·迪士尼为了见见世面，报名当了一名志愿兵，去欧洲做了一名汽车驾驶员。闲暇时，他经常创作漫画作品，并寄给国内的幽默杂志。然而，他的作品无一例外地都被退了回来，理由是：作品太平庸，作者缺乏才气和灵性。但是，华特·迪士尼却对自己信心满满，并决定日后要成为一名漫画家。

战争结束后，华特·迪士尼决定实现他的画家梦。于是，他来到了堪萨斯市，费尽心机找到了一份画家的工作，却因缺乏绘画能力而被辞退。之后，他又先后成立了一家美术公司和动画公司，但都以失败告终。

几经挫折后，华特·迪士尼和他的哥哥在一个废弃的仓库里重新成立了一家公司。就在这家公司成立的当年，米老鼠在华特·迪士尼的笔下诞生了。此后历经坎坷，华特·迪士尼又陆续创造出了唐老鸭、匹诺曹、白雪公主和七个小矮人的形象，同时，他先后制作出了受人欢迎的动画短片和动画长片。特别是制作有声彩色动画长片《白雪公主》时，他将这部动画片长设定为一个半小时，而当时的短片大多只有十几分钟。这部片子投资巨大，华特·迪士尼把前几年赚的钱都投了进去，还将自己的片厂抵押了出去，所有人包括他哥哥，都认为华特·迪士尼疯了。然而，在他人的冷嘲热讽中，这部在当时看来超长的动画片大获成功，实现了票房和口碑的双赢，成为动画片史上的一个里程碑。

《纽约时报》这样评价华特·迪士尼："华特·迪士尼白手起家，仅凭一点绘画才能、永远不被认可的天赋想象力，以及百折不挠的决心，成为好莱坞最优秀的创业者和全世界最成功的漫画大师。"

那些成功的人，即使失败了100次，也会第101次发起冲击，只要有一口气，他就会努力去拉住成功的手，除非上天剥夺了他的生命。奋斗者，破产只是一时；而不去奋斗，则必将一生贫穷。只要你没有失去勇气，敢于拼搏，就一定会取得成功。

5.因为你能,世界便不好意思拒绝你

不管你的天赋有多高,能力有多大,知识水平有多高,你事业上的成就, 总不会高过你的自信。正如一句名言所说:"他能够,是因为他认为自己能够;他不能够,是因为他认为自己不能够。"

在美国密歇根州一所山村小学里,一天,一位老师给同学们上了一堂特殊的课。老师要求全班每个同学都以"我不能……"开头,列举出自己认为做不到的事情,比如"我不能考到满分""我不能让人人都喜欢我""我不能在运动会上得冠军"等,而她也和同学们一样在纸上罗列出了自己认为做不到的事情。

半节课过去了,很多同学都写了不少"我不能",有些同学甚至写满了两张纸。这时,老师要求大家把写好的纸条对折后投进讲台前事先准备好的空鞋盒里。学生们相继投完纸条后,老师也把自己的纸条投了进去。然后,她拿着盒子,带领全班同学走出教室来到操场,并在操场的角落里挖了一个洞。学生们对老师的举动好奇不已,只见老师把那个盒子深深地埋进了那个"墓穴"里。

第八章
你若不好好爱自己,连精力都无处发生

这时,老师注视着在这块"墓地"四周的学生们,说:"孩子们,现在请你们手拉手,低头默哀。"

有些孩子恍然大悟,似乎明白了老师的用意,于是他们很快手手相连,围绕"墓地"成了一个圆圈,然后都低下了头。

只听老师沉重地说道:"朋友们,今天是'我不能'先生的葬礼,在此,我很荣幸能够邀请到各位前来参加。这位曾与我们朝夕相伴的'我不能'先生在世的时候,对我们每个人的生活都有影响、改变,有时,他的影响之大远超任何人。从今天开始,'我不能'先生将长眠于此,希望他能够安息。同时,我们希望他的兄弟姐妹'我能行''我愿意''我最棒'等能够继承他的事业,陪伴我们左右。最后,祝愿'我不能'先生安息,也希望我们每一个人都能够精神抖擞,勇往直前!阿门!"

接下来,老师又把学生们带回教室。当他们一起吃着饼干、喝着果汁,欢庆越过了"我不能"这个心坎时,老师又做了一个纸墓碑,上面写着"'我不能'先生安息吧",底端写上了这一天的日期。这个纸墓碑被老师悬挂在教室里,时刻提醒着大家已经没有"我不能……"了。

如果你认为自己是一个无能的人,也许你就真的无能了;如果你认为自己能力非凡,结果往往就是你能成就一番

事业。说自己行的人，他的潜意识会把成功的信念变成成功的行动；说自己不行的人，他的潜意识也会把自卑的念头变成失败的行动。积极的信念会使人大步向前迈进，而消极的信念则会毁掉人的一生。

一个人如果缺乏自信，是很容易自卑的；相反，一个人如果建立了自己的信心，那么在他面前就不会有过不去的难关，因为他相信自己的能力，在做事的时候能全身心地投入，而不会因为自卑变得畏首畏尾。这是一种超越自我的表现。

相信你做得到，你就一定会做到。

自信既是一种对自我能力的肯定，也是一种自我的审视。但很多人去审视了自己，最后仍然没有信心，反而变得自卑了起来，感觉自己做什么都做不好。这是很不幸的事，因为每个人都有自己的优势，一个人需要看到自己的优势，通过优势来建立自信，而不是只看到自己的缺点，那样只会向相反的方向发展。

只有自信，才能够让我们感觉到自己能力的强大，让我们的身心都充满活力。当我们肯定了自己的优点，在自己的心中反复暗示自己可以时，就等于挖掘了内心深处的力量。这种力量能够让我们发挥出巨大的潜力，为后来的成功打下基础。

想要成为一个自信的人，言谈举止就要注意，把你所说的"我不行"换成"我可以"，把"我一定做不好"换成"没问题，

第八章
你若不好好爱自己，连精力都无处发生

这个很简单，我来做好它"。这个时候，你的人格魅力就会有一个很大的提升，你的个人气质也会有所不同。

1900年7月，在浩渺无边的大西洋上，海风怒吼，巨浪滔天，暴风雨中，一叶小舟一会儿冲上浪尖，一会儿跌入波谷，恶劣的天气和狂风巨浪似乎要将它撕个粉碎。驾驶这叶小舟的金发碧眼的年轻人是一位德国的医学博士，名叫林德曼。大海无情，曾经吞噬过无数鲜活的生命，为什么他要孤身一人进行这危险的航行？为什么还要选择这样恶劣的天气？

林德曼在德国从事的是精神病学研究，出于对这份职业的执着，他正在以自己的生命为代价，进行着一项前所未有的心理学实验。

林德曼博士在医疗实践中发现，许多人之所以成为精神病患者，主要是因为他们感情脆弱，缺乏坚强的意志，心理承受能力差，经受不住失败和困难的考验，关键时刻失去了对自己的信心。有些看上去体格非常健壮的人，后来却因为承受不住心理的压力而精神崩溃。林德曼认为：一个人保持身心健康的关键，是要永远自信！

当时，德国举国上下掀起了一场独舟横渡大西洋的探险热潮，全国先后有一百多位勇士驾舟横渡大西洋，但结果均遭失败，无一生还。消息传来，舆论界一片哗然，认为这项活

动纯属冒险，它超过了人体承受能力的极限，是极其残酷的"自杀"行为。

林德曼却不这么认为。经过对这些勇士遇难情况的认真分析，他认为这些遇难的人首先不是从肉体上败下阵来，而主要死于精神上的崩溃，死于恐怖和绝望。

林德曼的观点遭到了舆论的质疑：探险勇士难道还不够自信？

为了验证自己的观点，林德曼不顾亲人和朋友的反对，决定亲自做一次横渡大西洋的试验。

在航行中，林德曼遇到了许多难以想象的困难。在漫漫的航程中，孤独、寂寞、疾病、体力的消耗、精力的消耗，都在销蚀着他的意志。特别是在航行最后的18天中，遇上了强大的季风，小船的桅杆折断了，船舷被海浪打裂了，船舱进水了，林德曼必须把舵把紧紧地捆在腰上，腾出手来拼命地往外舀船舱里的水。

在和滔天巨浪搏斗的整整三天三夜中，他没有吃一粒米，没有合一下眼。那场面真是惊心动魄，九死一生。多少次他都感觉自己坚持不住了，快不行了，有时眼前甚至出现了幻觉，准备放弃了。但每当这个时候，他就会狠狠地掐自己的胳膊，直到感觉到疼痛，然后激励自己："林德曼，你不是懦夫，你不会葬身大海，你一定会成功的！再坚持一天，就是胜利的彼岸。"

第八章
你若不好好爱自己,连精力都无处发生

"我一定会成功!"林德曼的心中反复地呼喊着这几个字。生的希望支持着林德曼,最后他终于成功了。

"一百多人都失败了,我为什么能成功呢?"他说,"我一直相信自己一定能成功。即使在最困难的时候,我也以此自励!这个信念已经和我身体的每一个细胞融为了一体。"

在漫漫的人生路上,我们只有肯定自己的价值,才能散发出钻石般耀眼的光芒,也才能够跨过人生的每一个坎,摆脱每一个困境。

有自卑心理的人总是用别人的眼光来过低地评论和挑剔自己,把自己限制在一个劣于他人的境地,认为自己与世间那些美好的事物无缘,给自己设置一连串的"不可能":不可能像别人那样出色,不可能有那么大的作为,不可能取得那样大的成功……生活在别人的眼光里,总也找不到自己的路。一个人不论是什么样的,总会有他身上最闪光的地方,这种闪光点一旦被激发,即便在最卑微的生命中,也能像酵母一样,对身心起发酵净化作用,给人力量。

6.要比就和自己比，将来的你要比现在的你强

美国作家威廉·福克纳说过："不要竭尽全力去和你的同僚竞争，你应该在乎的是，你要比现在的你强。"

成功是不可复制的，每个人都有自己的成功方式，现在，越来越多的人走进了成功的误区，怀抱着所谓的成功法则，踩着成功人士的脚印，小心翼翼地向前迈进，结果不仅没有靠近理想，反而越走越远。

据说上帝也不知道什么叫成功，就化装来到人间，想问问别人什么叫成功。

上帝问第一位先生："请问，您认为什么叫成功？"

那位先生不假思索地说："成功就是当大款，有空闲，兜里有钱。"

上帝又问第二位先生："先生，您认为什么叫成功？"

那位先生想了一会儿说："成功就是做大官，有权有势。"

上帝接着又问第三位先生："您怎么看待成功？"

结果第三位说："成功就是当名人，因为当名人能够前呼后拥，无限风光。"

上帝听了这几个人的回答，没有听出个所以然，说："你

们就直接说什么是成功,什么是成功的标准吧!"

结果这三位先生都面面相觑,哑口无言,最后憋出一句话:"噢,上帝! 成功的标准我们也不知道,反正那东西不是我们定的。"

上帝想:换个方法,或许我能够了解什么是成功。

于是,上帝变成一位妇人来到公园里,此时,一位母亲正带着孩子在公园里嬉戏。

上帝走过去问:"这位女士,我是个有钱人,您觉得我和您相比,谁更成功?"

那位女士看了上帝一眼,说:"您是个富人,但我觉得我是孩子慈爱的母亲,在家里是丈夫贤良的妻子,在企业里是优秀的员工,在社会上是守法的公民,每天过得平淡而又快乐。您只不过有钱而已,但您真正快乐吗? 幸福吗? 您能告诉我什么叫成功吗? "

上帝听了,默默无言。

之后,他又化装成一个名人,看到有一个骑自行车的年轻人从旁边经过,就把他请了下来。

上帝问:"这位先生,冒昧地问您一下,我是一位名人,住的是豪宅,开的是名车,您却骑着自行车。您说,你我之间谁更成功呢? "

那个骑自行车的小伙子打量了上帝一眼,说:"哦,您是名人,我呢,虽然没有出名,但我有充足的自我空间,能够自

你必须精力饱满，才能出手不凡

主地支配自己的生活；我可以下班后骑自行车出来遛弯儿，想看书就看书，想欣赏音乐就欣赏音乐；工作完成之后，我可以自由地安排自己的时间，能够与自己的家人、朋友经常团聚，享受生活所带来的快乐，我觉得我过得非常舒适。但您这位名人，我想恐怕没什么自由，说不定连结婚都不敢对别人说，出门都要戴墨镜，吃饭都要坐角落，您完全像关在笼中的金丝鸟，您说咱俩谁更成功呢？"

很多人只把发财和出名看作是成功，如果用这种标准来衡量大众，那么多数人都是不成功者。

古波斯有一个人叫西罗斯特拉斯，他想："我没有钱，也没有社会地位，但是我要出名，我该怎么办呢？"后来他想了一个办法：火烧神庙。他居然冒天下之大不韪，一把火烧掉了古波斯最有名的神庙，他把神庙烧掉以后就坐在那里不走，等着别人来抓自己。

别人抓了他以后就问他："你为什么要烧这座神庙？"

他说："我为了出名啊，只要能出名，我什么事都干得出来！"

别人就说："你再怎么要出名，也不能烧神庙啊！这是犯众怒的，你是要遭天谴的。"

结果西罗斯特拉斯讲了一句令人啼笑皆非的话，大意为"我不能流芳百世，也要遗臭万年"。

第八章
你若不好好爱自己,连精力都无处发生

这就是为追求出名而不惜一切代价的故事,显而易见,如果成功的标准是那样界定的话,那对于我们整个社会都是有危害的。所以说,我们对成功,要有一种更全面的理解。

这是一位少年的有趣经历:

6岁时,一位非洲的主教跟他一块儿玩了一下午滚球,他觉得从来没有一位大人对他这么好过,便据此认为黑人是最优秀的人种。

8岁那年,他有了一个嗜好,喜欢问父亲的朋友有多少财产,大部分人都被他吓了一跳,只好昏头昏脑地告诉他。

上小学时,他常常花一整天时间偷看大姐的情书,从来没有被发觉。

他天生哮喘,夜里总是辗转难眠,白天又异常疲惫,这个病一直折磨着他。他对很多东西都有恐惧症,比如大海。

他恳求父亲带他去钓鱼,父亲说:"你没有耐心,带你去,你会把我弄疯的。"也由于没有耐性,他成了牛津大学的肄业生。

老师问他拿破仑是哪国人,他觉得有诈,自作聪明地改以荷兰人作答,结果遭到了不准吃晚饭的惩罚。

他总觉得自己的智商只比天才低一点,结果一测试,只有96,只是普通人的正常智商。

下面,我们再来看一位伟大人物的传奇:

你必须精力饱满，
才能出手不凡

他一生朋友无数，曾列了一个有50个名字的挚友清单，包括美国国防部部长、纽约的著名律师、报刊总编以及女房东、农场的邻居、贫民区的医生等。

"二战"期间，在他31岁时，他为了帮助自己的祖国，服务于英国情报局，当了几年的间谍。

38岁时，他记起祖父从一个失败的农夫成为一名成功的商人，于是决定效仿。没有文凭的他，以6000美元起家，创办了全球最大的广告公司，年营业额达数十亿美元。

他曾自嘲："只要比竞争对手活得长，你就赢了。"他活了88岁。

他一生都在冒险，大学没读完就跑到巴黎当厨师，继而卖厨具，到美国好莱坞做调查员，随后又做了间谍、农民和广告人，晚年隐居于法国古堡。

他敢于想象，设计了无数优秀的广告词，有些至今仍在使用。

他说："永远不要把财富和头脑混为一谈，一个人赚很多钱和他的头脑没有多大关系。"

那个少年和伟人是同一个人，名字叫作大卫·奥格威，奥美广告公司的创始人。

我们把上述两对7个例子一一对应，便会发现它们之间没有所谓成功的必然规律：有的可以牵强地联系起来，比如偷看情书为当间谍做了铺垫,对财富的欲望导致日后开了广告公司,天性友善适合结交朋友;有的则完全相反:没有耐性却创造了伟业,身体不好却长寿,智商不高却有着惊人的智慧。当然,我们也可以不一一对应,可是,你看了这位少年的有趣经历一定能断定他会成为伟大人物吗?

成功是不可复制的,人的性格、环境、智商、情商、机遇、身份都不一样,怎能拷贝成功?如果说成功有规律可循,那么便是认识你自己、创造你自己、成为你自己。一句话——和你自己比,将来的你比现在的你强,就是成功!